Ökonometrie
und Unternehmensforschung

Econometrics
and Operations Research

XIII

Walter Knödel

Graphentheoretische Methoden und ihre Anwendungen

Springer-Verlag Berlin Heidelberg GmbH 1969

Professor Dr. WALTER KNÖDEL
Lehrstuhl für Instrumentelle Mathematik der
Technischen Universität, Stuttgart

ISBN 978-3-642-95122-0 ISBN 978-3-642-95121-3 (eBook)
DOI 10.1007/978-3-642-95121-3

Ursprünglich erschienin bei Springer-Verlag Berlin Heidelberg New York 1969
Library of Congress Catalog Card Number 72-94158.

Titel-Nr. 6488

Vorwort

Im letzten Jahrzehnt hat die Mathematisierung von Fachgebieten, die vorher heuristisch bearbeitet wurden, große Fortschritte erzielt. Dies gilt für das Straßenverkehrswesen ebenso wie für die Steuerung und Überwachung umfangreicher Projekte. Meist handelt es sich darum, aufgrund eines Modells der Wirklichkeit Entscheidungen zu treffen, die eine Zielfunktion optimieren. Dabei kann die Anzahl der möglichen Entscheidungen endlich sein, wie bei der Frage, in welcher Reihenfolge vier Orte besucht werden sollen, damit die zurückgelegte Strecke möglichst klein wird; oder das Modell kann sich der abstrakten Vorstellung unendlich vieler Möglichkeiten bedienen, wie bei der Auswahl eines Zeitpunkts aus einer kontinuierlich ablaufenden Zeit. Die endlichen Modelle können bei aller Verschiedenheit wegen ihres kombinatorischen Charakters vorteilhaft mit graphentheoretischen Methoden behandelt werden.

Der vorliegende Band liefert dafür exemplarische Beispiele. Die Auswahl erfolgte dabei aufgrund meiner persönlichen Neigung und Erfahrungen, so daß Probleme der Straßenverkehrstechnik im Vordergrund stehen. Ordnungsgesichtspunkt bei der Gliederung des Stoffes waren jedoch nicht die Anwendungsgebiete, sondern die verwendeten Modelle und Methoden, wie es sich in den Überschriften der Kapitel 2–5 widerspiegelt. Die Methoden sind bis zu rechenfähigen Algorithmen ausgearbeitet. Meine Absicht war verständliche Darstellung der Zusammenhänge und Fassung des Erarbeiteten in Rechenvorschriften, nicht aber eine bloß rezeptmäßige Aufzählung von Techniken. In Kapitel 1 sind die benützten graphentheoretischen Begriffe für den Nichtmathematiker zusammengestellt und erklärt. Aber auch der Fachmann wird in Abschnitt 12 das eine oder andere finden, das er sonst mühsam in der Literatur suchen müßte oder das nur als „gewußt wie" in den Köpfen der unmittelbar Beteiligten existiert.

In den Bezeichnungen habe ich auf die Verwendung von Indizes durchgehend verzichtet. Für den Mathematiker ist dies zumindest ungewohnt, für den Informatiker dagegen ein erlaubtes Vorgehen, das dem beschränkten Zeichenvorrat der Programmiersprachen entspringt.

Danken möchte ich vor allem Herrn Kollegen H.P. Künzi, der mich zur Abfassung des Buches ermuntert hat. Die Herausgeber dieser Reihe und der Verlag haben mit großer Geduld die säumige Ablieferung des

Manuskripts durch mich ertragen. – Die Herren W. Schmale und R. Hutzenlaub unterstützten mich bei den Korrekturen, und Herr Schmale entwickelte bei dieser Gelegenheit zahlreiche Verbesserungsvorschläge. Frau J. Ellnerova prüfte mehrere Algorithmen in verschiedenen Fassungen aus. Den größten Teil des Manuskripts schrieb Fräulein H. Schneider. Ihnen allen sage ich ebenfalls herzlichen Dank.

Stuttgart, im Oktober 1969 W. Knödel

Inhalt

0 Einleitung

Wir betrachten im folgenden drei Problemkreise: Zuerst untersuchen wir die Aufgabe, in einem gegebenen Netz den kürzesten Weg zwischen zwei Punkten zu finden. Dann beschäftigen wir uns mit der Frage, welcher maximale Fluß durch ein Leitungsnetz geschleust werden kann. Endlich befassen wir uns mit dem kürzesten Rundreiseweg von einem Ausgangspunkt über eine Reihe von Zwischenstationen zum Ausgangspunkt zurück.

Die geschilderten Fragestellungen sind zum Teil alt. Erinnern wir uns nur an die Aufgabe, Wege durch ein Labyrinth zu finden, eine Aufgabe, die das Auffinden der kürzesten Wege nahelegt. Während derartige Aufgaben aber durch Jahrhunderte nur von den Liebhabern der Unterhaltungsmathematik diskutiert wurden, sind sie im Laufe des letzten Jahrzehnts für einen neuen Personenkreis interessant geworden. Es hat sich gezeigt, daß die Lösung der oben aufgezählten Probleme bei der Verkehrsplanung [34] sowie bei der Produktionsüberwachung und Steuerung [33] eine wichtige Rolle spielt. Wir werden jeweils im Text auf solche Anwendungsmöglichkeiten zurückkommen.

Als nächstes müssen wir vereinbaren, was wir unter der Lösung eines Problems verstehen wollen. Zuerst lassen sich bei allen drei Fragestellungen keine grundsätzlichen Schwierigkeiten entdecken. Die vorkommenden Netzwerke bestehen immer aus endlich vielen Knoten und Strecken, so daß jede gewünschte Lösung durch Probieren in einer endlichen Anzahl von Schritten gefunden werden kann. Daß diese Erkenntnis praktisch nicht weiter hilft, bemerken wir aber, wenn wir etwa einen kürzesten Rundreiseweg von einem Ausgangspunkt über 20 Zwischenpunkte zum Ausgangspunkt zurück zusammenstellen wollen. Wie in der Kombinatorik gezeigt wird, gibt es hier $20! \approx 2432900000000000000$ Möglichkeiten, und auch die raschesten heute verfügbaren Rechenautomaten sind nicht imstande, eine solche Anzahl von Versuchen im Laufe eines Menschenalters auszuführen. An eine Lösung jedes der drei Probleme müssen wir daher die Anforderung stellen, daß es sich um ein Verfahren handelt, das mit den heute zu Gebote stehenden Mitteln erfolgreich zu Ende geführt werden kann. Wir werden solche Verfahren entwickeln und begründen. Wir werden sie aber schließlich in eine Reihe von Einzelvorschriften auflösen, die die Ausführung aller Rechnungen ohne Kenntnis der zunächst angestellten Überlegungen ermöglicht. Wir werden zur Lösung unserer Aufgaben Algorithmen angeben.

Auch an Algorithmen für die Lösung der drei gestellten Aufgaben hat es in der Vergangenheit nicht gefehlt. In [40] sind solche Algorithmen für die Bestimmung von Wegen durch ein Labyrinth angegeben. Die zweckmäßigsten Algorithmen hängen aber immer von den zu Gebote stehenden Rechenhilfsmitteln ab. Solange es sich um Aufgaben der Unterhaltungsmathematik handelte, sollte ihre Lösung mit Bleistift und Papier möglich sein. Bei Aufgaben der Verkehrsplanung oder Produktionsüberwachung stehen Werte auf dem Spiel, die den Einsatz auch der kostspieligsten Rechenhilfsmittel rechtfertigen. Wir werden daher das Hauptgewicht auf Algorithmen legen, die auf Ziffernrechenautomaten ausgeführt werden können. Dies sagt nicht, daß man nicht auch mit Bleistift und Papier oder mit Hilfe einer Tischrechenmaschine zu brauchbaren Ergebnissen gelangt. Nur wird dies bei umfangreichen Aufgaben so lange dauern und so mühsam sein, daß man letztlich immer wieder gezwungen ist, auf Rechenautomaten zurückzugreifen.

Die in diesem Buch beschriebenen Algorithmen gestatten beim Problem der kürzesten Wege und des maximalen Flusses die Lösung auch der umfangreichsten Aufgaben, die in der Praxis bisher aufgetreten sind. Netze mit einigen hundert Knoten und mehreren hundert Strecken können unter Zuhilfenahme eines Rechenautomaten mittlerer Größe in Stunden, höchstens Tagen, untersucht werden. Dagegen ist das Problem des Rundreisewegs noch nicht befriedigend gelöst, obwohl Methoden zur Verfügung stehen, die es gestatten, optimale Rundreisen für 20 und mehr Punkte zu berechnen.

Als weitaus fruchtbarste Methode bei den behandelten Problemen wird sich ein Verfahren erweisen, das erstmals vermutlich von Moore [45] 1957 angewendet wurde und das in [8] unter dem Titel *Dynamische Planungsrechnung* ausführlich beschrieben ist. Aber auch lineare Planungsrechnung und die sog. ungarische Methode bei der Lösung von Zuordnungsproblemen sowie das *Verfahren des Entscheidungsbaumes* werden wir zu betrachten haben.

In einem Anhang zeigen wir noch, daß graphentheoretische Methoden auch bei einem völlig anderen Problemkreis mit Erfolg angewendet werden können, nämlich bei der Bestimmung der Phasenfolgen an Kreuzungen.

1 Grundlagen

11 Graphentheorie

In der Einleitung haben wir Vokabeln wie Netz, Strecke, Knoten und Zwischenpunkt ohne nähere Erklärung verwendet, da wir alle mit diesen Begriffen anschauliche Inhalte verbinden. Nur ist keineswegs gesagt, daß diese anschaulichen Inhalte bei Personen verschiedener Vorbildung oder Berufserfahrung übereinstimmen. Wir müssen daher, um Mißverständnisse zu vermeiden und um uns prägnanter und klarer ausdrücken zu können, eine Reihe von Fachwörtern genau erklären. Wir wollen dies tun, indem wir auf eine weit entwickelte mathematische Disziplin, die Graphentheorie, zurückgreifen. Wir beschränken uns dabei auf eine Wiedergabe der Definitionen und Sätze und verweisen bezüglich der Beweise auf [40] und [46]. Die Begriffe der Graphentheorie, die wir anschließend völlig abstrakt einführen, veranschaulichen wir dadurch, daß wir sie mit Hilfe von Begriffsbildungen interpretieren, wie sie bei Verkehrsnetzen auftreten.

111 Erste Begriffe

Es sei $P=\{P1, P2, \ldots, Pn\}$ eine Menge von Punkten. Verbindet man gewisse, aus zwei verschiedenen dieser Punkte gebildete Paare durch eine oder mehrere Linien, so nennt man das so entstehende Gebilde einen *Graphen G*. Diejenigen der Punkte $P1, P2, \ldots, Pn$, die mit wenigstens einem Punkt verbunden wurden, heißen die *Knotenpunkte* oder *Punkte* des Graphen (Knotenpunkte, die man als „isoliert“ bezeichnen könnte, sind also ausgeschlossen). Die eingeführten Linien heißen die *Kanten* des Graphen. Eine Kante, die Pi und Pj verbindet, die „nach Pi und Pj läuft“, werden wir mit $Pi\,Pj$ oder $Pj\,Pi$, kürzer auch mit Kij oder Kji bezeichnen, wobei es noch mehrere Kanten geben kann, die mit Kij bezeichnet werden. Die Menge aller Kanten soll K heißen.

Ist nicht nur die Menge der Knotenpunkte, sondern auch die der Kanten endlich, so heißt der Graph *endlich*. Da wir im folgenden nur von endlichen Graphen sprechen, lassen wir den Zusatz „endlich“ stets weg.

Abstrakt ist ein endlicher Graph G also durch Angabe der endlichen Mengen P und K bestimmt:

$$G=(P, K).$$

Ein Graph, der mit je zwei Punkten $P i$, $P j$ genau eine Kante $K i j$ enthält, heißt *vollständig*.

Um Ausnahmefälle zu vermeiden, empfiehlt es sich, außer den *eigentlichen* Graphen auch noch den *Nullgraphen*, der überhaupt keine Knotenpunkte und keine Kanten besitzt, einzuführen. Zwei Graphen G und G' werden als identisch betrachtet, falls sowohl die Menge ihrer Knotenpunkte wie auch die Menge ihrer Kanten identisch sind. Sind die Knotenpunkte des Graphen G' zugleich Knotenpunkte des Graphen G und die Kanten des Graphen G' auch Kanten von G (aber nicht notwendig umgekehrt), so heißt G' ein *Teilgraph* oder ein *Teil* von G; und zwar heißt G' ein *echter* oder *unechter* Teilgraph, je nachdem G' von G verschieden ist oder nicht. – Oft werden wir einen Teilgraphen durch die Angaben seiner Kanten bestimmen. Dies ist immer so zu verstehen, daß wir die Endpunkte dieser Kanten und nur diese als die Knotenpunkte des Graphen betrachten. Wenn wir also z.B. sagen, daß G' aus G durch Entfernen (Streichen) der Kante $K i j$ von G entsteht, so sind die Knotenpunkte von G' die Endpunkte der übrigen Kanten von G.

Die Anzahl der Kanten, die nach einem Knotenpunkt $P i$ des Graphen G laufen, heißt der *Grad* von $P i$ in G. Ein Knotenpunkt vom Grad 1 heißt ein *Endpunkt* des Graphen. Eine Kante, die in einem Endpunkt endet, heißt eine *Endkante* des Graphen. Die Anzahl der Knotenpunkte ungeraden Grades ist stets gerade.

Bei der Definition des Graphen haben wir vorausgesetzt, daß jede Kante zwei verschiedene Punkte miteinander verbindet. Kanten $K i i$, die den Knotenpunkt $P i$ mit sich selbst verbinden und die Schlingen genannt werden, sind also nicht zugelassen (dagegen werden wir sehr bald von geschlossenen Wegen sprechen, die nach Passieren mehrerer Kanten wieder zum Anfangspunkt zurückführen).

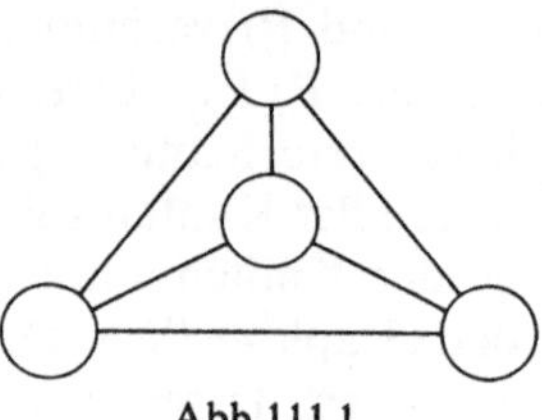

Abb. 111.1

Ein Graph heißt *eben* oder *planar*, wenn sich seine Knoten und Kanten so in einer Ebene anordnen lassen, daß sich nicht zwei Kanten überkreuzen. Der vollständige Graph mit vier Knoten ist eben (siehe Abb. 111.1), der vollständige Graph mit fünf Knoten ist es nicht. Ein Verfahren, um die Planarität eines vorgelegten Graphen festzustellen, findet sich in [39].

112 Kantenfolgen

Wir greifen aus dem Graphen G einen Teilgraphen G' heraus, dessen Kanten sich in folgender Weise anordnen lassen:

(112.1) $\quad Pa\,Pb, Pb\,Pc, Pc\,Pd, \ldots, Pk\,Pl, Pl\,Pm,$

wo jeder Knotenpunkt und jede Kante auch mehrmals auftreten können. Wir nennen G' eine *Kantenfolge.* Je nachdem, ob $Pa \neq Pm$ oder $Pa = Pm$ gilt, heißt die Kantenfolge *offen* oder *geschlossen.* Im ersten Fall sagen wir, daß die Kantenfolge die Knoten Pa und Pm miteinander verbindet, oder auch, daß Pa und Pm die *Endpunkte* der offenen Kantenfolge sind. Die übrigen Knotenpunkte sowie jeder Knotenpunkt einer geschlossenen Kantenfolge heißen *innere* Knotenpunkte. Kommt die Kante Kij in (112.1) vij-mal vor, so heißt vij die Vielfachheit der Kante. Über die Vielfachheiten gilt der Satz: Die Summe der Vielfachheiten der nach demselben Knoten Pi laufenden Kanten einer Kantenfolge ist gerade oder ungerade, je nachdem ob Pi ein innerer Knoten oder ein Endpunkt der Kantenfolge ist.

Kommt in (112.1) keine Kante zweimal vor, d.h., ist jede Vielfachheit 1, so heißt die Kantenfolge ein (offener oder geschlossener) *Kantenzug.* Falls dabei zwischen Pi und Pj mehrere Kanten $Kij1, Kij2, \ldots$ existieren, so ist es durchaus möglich, daß ein Kantenzug zwei oder mehrere dieser verschiedenen Kanten enthält.

Sind auch noch die Punkte $Pa, Pb, \ldots, Pm$ sämtlich voneinander verschieden, dann heißt der offene Kantenzug ein *Weg.* Ist $Pa = Pm$ sind aber $Pa, Pb, \ldots, Pl$ sämtlich voneinander verschieden, so heißt der geschlossene Kantenzug ein *Kreis.* Entfernt man aus einem Kreis eine seiner Kanten Kij, so bilden die übrigen Kanten einen Weg, der Pi mit Pj verbindet. Verbinden zwei Wege dieselben zwei Knotenpunkte, haben sie aber sonst keine gemeinsamen Knotenpunkte und keine gemeinsamen Kanten, so bilden die Kanten dieser zwei Wege einen Kreis. Auch umgekehrt gilt: Sind Pi und Pj zwei beliebige Knotenpunkte eines Kreises, so besteht der Kreis aus den Kanten von zwei Wegen, die beide Pi und Pj verbinden und sonst keine gemeinsamen Knotenpunkte und keine gemeinsamen Kanten besitzen.

Ist Pi ein Endpunkt bzw. $Pi\,Pj$ eine Endkante eines Graphen G, so gilt dies auch in bezug auf jeden Teilgraphen G' von G, in dem Pi bzw. $Pi\,Pj$ enthalten ist. Ein geschlossener Kantenzug hat weder Endpunkte noch Endkanten, also kann weder ein Endpunkt noch eine Endkante in einem geschlossenen Kantenzug des Graphen enthalten sein.

Es gelten die Sätze:

(112.2) Läßt sich eine Menge R^* von Kanten eines Graphen zu einer offenen Kantenfolge anordnen, welche die Knotenpunkte Pa und Pm

miteinander verbindet, dann bildet eine Teilmenge $R \subset R^*$ von Kanten dieser Folge einen Weg, der ebenfalls Pa mit Pm verbindet. Läßt sich eine Menge S^* von Kanten eines Graphen zu einem geschlossenen Kantenzug anordnen, welcher den Knotenpunkt Pa enthält, so kann man aus einer Teilmenge $S \subset S^*$ von Kanten dieses Kantenzuges einen Kreis bilden, welcher Pa ebenfalls enthält. Sind Pi, Pj, Pl drei verschiedene Knotenpunkte eines Graphen und gibt es eine Kantenfolge $F(Pi\ Pj)$, welche Pi mit Pj verbindet und eine Kantenfolge $F(Pj\ Pl)$, die Pj mit Pl verbindet, so bilden gewisse Kanten, die in $F(Pi\ Pl)$ oder $F(Pj\ Pl)$ vorkommen, einen Weg, der Pi mit Pl verbindet. Sind $W1$ und $W2$ zwei verschiedene Wege, welche die Knotenpunkte Pl und Pj miteinander verbinden, so bilden gewisse Kanten, die sämtlich zu $W1$ und $W2$ gehören, einen Kreis.

Gibt es in einem Graphen zwei verschiedene Kreise, welche die gemeinsame Kante Kij enthalten, so kann man aus gewissen Kanten dieser Kreise einen Kreis bilden, der die Kante Kij nicht enthält.

Sind $Z1$ und $Z2$ zwei geschlossene Kantenzüge, die keine gemeinsame Kante, jedoch wenigstens einen gemeinsamen Knotenpunkt Pi enthalten, so bilden sämtliche Kanten, die zu $Z1$ oder $Z2$ gehören, einen geschlossenen Kantenzug.

Gibt es in einem Graphen einen Kreis $C1$, der die Kanten Kij und Klm enthält und einen Kreis $C2$, der die Kanten Klm und Krs enthält, so gibt es auch einen Kreis, der Kij und Krs enthält.

113 Zusammenhängende Graphen

Gibt es in einem Graphen für je zwei verschiedene seiner Knotenpunkte $Pi\ Pj$ einen Weg, welcher Pi und Pj verbindet, so heißt der Graph *zusammenhängend.*

Zum Beispiel sind die offenen und geschlossenen Kantenfolgen zusammenhängend.

Bei den Anwendungen, die wir im Auge haben, treten nur zusammenhängende Graphen auf. Wir setzen daher im folgenden eine Reihe von Tatsachen über zusammenhängende Graphen in Evidenz. Später werden wir, sooft wir von Graphen sprechen, stets zusammenhängende Graphen darunter verstehen, genau wie wir schon verabredet haben, daß mit der Bezeichnung Graph stets ein endlicher Graph gemeint ist.

Die für uns wesentlichen Tatsachen lauten:

(113.1) Gibt es im zusammenhängenden Graphen G einen Weg W, welcher die Endpunkte Pi und Pj einer Kante Kij verbindet und diese Kante Kij nicht enthält, so ist der Graph G', der durch Entfernen der Kante Kij aus G entsteht, ebenfalls zusammenhängend. Entfernt man aus einem zusammenhängenden Graphen eine seiner Endkanten oder eine Kante eines seiner Kreise, so bilden die übrigbleibenden Kanten einen ebenfalls zusammenhängenden Graphen G'. Ist G' ein beliebiger Teilgraph des zusammenhängenden Graphen G und $P1$ irgendein Knotenpunkt von G, der nicht zu G' gehört, dann gibt es einen Weg $W = P1 \dots Pn-1\, Pn$ von G von der Beschaffenheit, daß Pn zu G' gehört, aber weder die übrigen Knotenpunkte von W noch seine Kanten zu G' gehören. Werden sämtliche Knotenpunkte eines zusammenhängenden Graphen in beliebiger Weise in zwei oder mehr nicht leere, paarweise fremde Klassen eingeteilt, so gibt es eine Kante, deren Endpunkte verschiedenen Klassen angehören. Laufen nach jedem Knotenpunkt eines zusammenhängenden Graphen G höchstens zwei Kanten, so ist jeder zusammenhängende Teilgraph von G entweder ein Weg oder ein Kreis.

114 Schnitte

Wir betrachten wieder einen Graphen G und erklären den Begriff des *Schnittes* zwischen den Knotenpunkten Pa und Pe. Anschaulich ist die Bedeutung diese, daß wir den Graphen zwischen Pa und Pe auseinanderschneiden, so daß kein einziger Weg mehr von Pa nach Pe oder umgekehrt führt. Formal gehen wir so vor, daß wir zunächst die Menge P aller Knotenpunkte in zwei elementfremde Teilmengen M und $\overline{M}$ mit den Eigenschaften

$$M \cup \overline{M} = P$$

$$M \cap \overline{M} = \Lambda \qquad (\Lambda \text{ ist die Nullmenge})$$

$$Pa \in M$$

$$Pe \in \overline{M}$$

zerlegen. Damit erhalten wir die Definition

(114.1) Ein Schnitt $S(M, \overline{M})$ zwischen Pa und Pe ist die Gesamtheit der Kanten Kij zwischen den Punkten Pi und Pj, die die Eigenschaften

$$Pi \in M$$

$$Pj \in \overline{M}$$

besitzen.

Aus dem vorletzten Satz (113.1) folgt, daß S nie die leere Menge ist.

Im allgemeinen wird die Einteilung der Knotenpunktmenge P in zwei fremde Mengen M und $\overline{M}$ nicht eindeutig sein. Es gilt aber der Satz: Jeder Weg von Pa nach Pe enthält (mindestens) eine Kante aus jedem beliebigen Schnitt zwischen Pa und Pe. Der Beweis findet sich in [22] auf Seite 10.

115 Bäume

In gewisser Hinsicht sind die einfachsten Graphen diejenigen, die keine Kreise, also auch keinen geschlossenen Kantenzug enthalten. Wir wollen einen kreislosen (endlichen und zusammenhängenden) Graphen als *Baum* bezeichnen. Für Bäume gelten die Sätze und Definitionen:

Ein Graph ist genau dann ein Baum, wenn für je zwei seiner Knotenpunkte genau ein Weg existiert, welcher diese zwei Punkte miteinander verbindet. Sind $G1$ und $G2$ zwei zusammenhängende Teilgraphen des kreislosen Graphen G, so bilden die Kanten, die sowohl in $G1$ als auch in $G2$ enthalten sind, ebenfalls einen zusammenhängenden Graphen G'. Jeder Baum besitzt wenigstens zwei Endpunkte. Für jeden Baum ist die Anzahl n der Knotenpunkte um 1 größer als die Anzahl z der Kanten. Ist Pi ein beliebiger Knotenpunkt eines Baumes G, so gibt es zwischen der Menge der von Pi verschiedenen Knotenpunkte von G und der Menge sämtlicher Kanten von G eine umkehrbar eindeutige Beziehung, die jeder Kante einen ihrer Endpunkte zuordnet. Jeder Graph G enthält einen baumförmigen Teilgraphen G' mit denselben Knotenpunkten wie G. G' heißt ein *Gerüst* von G. Für einen Baum ist das einzige Gerüst der Baum selbst. Zu einem Graphen G mit n Knoten und z Kanten, der kein Baum ist, können mehrere Gerüste existieren, die alle aus G durch Streichen gewisser Kanten entstehen. Die Anzahl g der gestrichenen Kanten ist jedoch in jedem Fall dieselbe, und es gilt $g=z-n+1$. Die Zahl g bezeichnen wir als die *Zusammenhangszahl* des Graphen. Nach dem obigen ist g immer $\geqq 0$ und gleich 0 genau dann, wenn G ein Baum ist. Ein zusammenhängender Graph mit n Knoten besitzt wenigstens $n-1$ Kanten. Streicht man in einem Graphen G eine Kante eines Kreises, so ist die Zusammenhangszahl des entstehenden Graphen um 1 kleiner als die von G. Um aus einem Graphen G von der Zusammenhangszahl g einen Baum zu erhalten, müssen wenigstens g Kanten gestrichen werden. Entsteht durch Streichen von g Kanten des Graphen G von der Zusammenhangszahl g ein Baum G', dann ist G' ein Gerüst von G. Wird zu einem Gerüst G' von G irgendeine in G' nicht enthaltene Kante von G hinzugefügt, dann enthält der entstehende Graph einen Kreis. Ist G' ein Gerüst von G und Kij eine Kante von G, die nicht zu G' gehört, so gibt es genau einen Kreis CK von G, der die Kante Kij enthält, dessen übrige Kanten jedoch zu G' gehören. Wir werden sagen, daß die auf diese Weise den sämtlichen Kanten Kij von G, die nicht zu G' gehören, zugeordneten Kreise CK das zum Gerüst G' gehörende *Fundamentalsystem* Fs von G bilden. Für einen Baum muß die Nullmenge als einziges Fundamentalsystem betrachtet werden. Jeder Kreis eines Fundamentalsystems enthält eine Kante, die keinem anderen Kreis desselben Fundamentalsystems angehört. Jedes Fundamentalsystem eines Graphen von der Zusammenhangszahl g besteht aus g Kreisen.

116 Gerichtete Graphen

Einer Kante $Kij \in G$ kann man auf zwei verschiedene Arten einen *Sinn* (oder eine *Richtung*) zuordnen, indem man Pi als *Anfangspunkt* und Pj als *Endpunkt* erklärt oder umgekehrt. Durch die eine oder andere Zuordnung entsteht aus Kij die *gerichtete Kante* kij oder kji, die wir dann in der Richtung nach Pj bzw. Pi gerichtet nennen wollen und bei der im Gegensatz zu den nicht gerichteten Kanten die Reihenfolge der Indizes wesentlich ist. Wenn man jeder Kante des Graphen einen bestimmten Sinn zuordnet, entsteht ein *gerichteter* Graph GR, der abstrakt wieder durch die Menge P seiner Knoten und die Menge KR seiner gerichteten Kanten bestimmt ist: $GR=(P, KR)$.

In der zeichnerischen Darstellung eines gerichteten Graphen wird die Richtung einer Kante durch einen Pfeil angedeutet.

Wir beschränken uns im folgenden auf solche Graphen, in denen für je zwei Knoten Pi und Pj höchstens eine Kante kij und höchstens eine Kante kji vorhanden ist.

Weitere Begriffsbildungen sind die folgenden:

Die Kante kij wird als *einfache Kante* bezeichnet, falls der Graph keine Kante kji enthält. Gibt es sowohl eine Kante kij als auch eine Kante kji, so heißen beide *zweifache Kanten.* Ein gerichteter Graph heißt *transitiv*, wenn er mit den Kanten kij und kjl mit $Pl \neq Pi$ stets auch eine Kante kil enthält. Ein gerichteter Graph heißt *Netz*, wenn er für je zwei seiner Knotenpunkte Pi und Pj sowohl eine Kante kij als auch eine Kante kji enthält. Dies ist für gerichtete Graphen das Analogon zum vollständigen Graphen bei den ungerichteten Graphen. Natürlich ist jedes Netz zusammenhängend und transitiv, und alle seine Kanten sind zweifache Kanten. Ein Teilgraph eines gerichteten Graphen G heißt ein *maximales Netz* von G, wenn er ein Netz ist und in keinem Teilgraphen von G, der ein Netz ist, als echter Teil enthalten ist. Ein Graph, der sowohl gewöhnliche als auch gerichtete Kanten enthält, soll *gemischt* heißen.

Abb. 116.1 zeigt einen Graphen, der 13 Knoten und 18 Kanten enthält, von denen 6 gerichtet sind.

Wir können diesen Graphen etwa als Straßenbahnnetz einer Großstadt interpretieren; den Knoten des Graphen entsprechen die Haltestellen, den Kanten des Graphen die Abschnitte zwischen diesen. Dabei verbinden wir im Augenblick mit unserem Straßenbahnnetz noch keine metrische Vorstellung. Wir sprechen also insbesondere noch nicht von der Entfernung zweier Haltestellen, sondern beschränken uns im Augenblick nur auf die Beschreibung der Zusammenhänge im Netz.

Greifen wir aus der Gesamtheit der Verbindungen einige Linien, etwa die in Abb. 116.1 strichpunktiert ausgezogenen Schnellbahnen, heraus, dann entsteht ein Teilgraph des ursprünglichen Graphen. Die End-

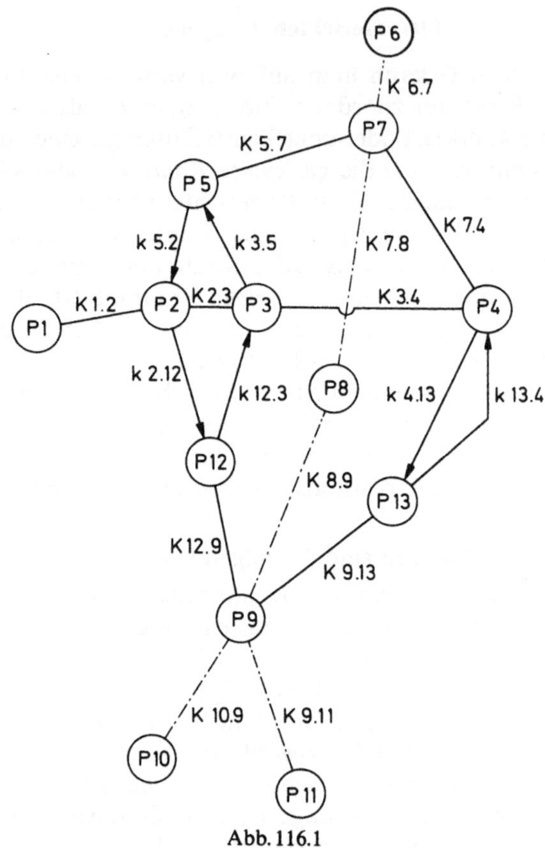

Abb. 116.1

stelle einer Linie, bei der nicht in eine andere Linie umgestiegen werden kann, ist ein Punkt vom Grad 1, also ein Endpunkt des Graphen (z. B. *P*1). Eine beliebige Haltestelle, die nicht zugleich Umsteigstelle ist (z. B. *P*8), ist ein Knoten vom Grad 2 (man kann von zwei verschiedenen Seiten dort ankommen), die Kreuzung mit einer anderen Linie wird im allgemeinen vom Grad 4 sein (z. B. *P*7) usw. Verkehrt die Straßenbahn in einem Straßenzug nur in einer Richtung, während die Gegenlinie durch einen anderen Straßenzug geführt ist, dann läßt sich dies mit Hilfe gerichteter Kanten beschreiben.

Jeder beliebige Graph kann als gerichteter Graph *GR* aufgefaßt werden, wenn wir vereinbaren, daß die nicht gerichtete Kante *Kij* dem gerichteten Kantenpaar (*kij*, *kji*) äquivalent sein soll. Dann läßt sich auch der Grad eines Knotens auf den gerichteten Fall verallgemeinern als die Anzahl der Kanten, die in diesem Knoten enden. Der Grad jedes Knotens in einem nicht gerichteten Graphen ist dann gleich dem Grad desselben Knotens im entsprechenden gerichteten Graphen.

Umgekehrt läßt sich jeder gerichtete Graph $GR=(P, KR)$ durch die Festsetzung

$$kij \to Kij \qquad \text{für } kij \text{ einfach}$$

$$kij, kji \to Kij \qquad \text{für } kij, kji \text{ zweifach}$$

zu einem gewöhnlichen Graphen $G=(P, K)$ vergröbern. Wir werden uns nur mit gerichteten Graphen GR beschäftigen, für die der zugehörige vergröberte Graph G zusammenhängend ist und die zu zwei Knoten Pi und Pj höchstens eine nicht gerichtete Kante Kij oder höchstens ein gerichtetes Kantenpaar kij, kji besitzen.

Die obigen Ausführungen legen die Frage nahe, wie weit sich auch die Begriffe „Weg" und „Kreis" bei gerichteten Graphen verfeinern lassen. Wir führen dazu den Begriff *kontinuierlich gerichtet* ein: Eine Kantenfolge $P1\,P2 \ldots Pi\,Pi+1 \ldots Pn-1\,Pn$ heißt kontinuierlich gerichtet, wenn die Richtung der Kanten stets von Pi nach $Pi+1$ weist. Pi heißt *Vorgänger* von $Pi+1$, $Pi+1$ ist der *Nachfolger* von Pi. Pi und $Pi+1$ sind *Nachbarn*. Ein kontinuierlich gerichteter Weg heißt *Bahn*, ein kontinuierlich gerichteter Kreis *Zyklus*. Wo im folgenden Verwechslungen nicht zu befürchten sind, werden wir anstelle von „kontinuierlich gerichtet" kurz „gerichtet" sagen.

Nach unseren früheren Ausführungen läßt sich jeder Weg in einem Graphen G als Paar von Bahnen im entsprechenden gerichteten Graphen GR auffassen. Ebenso erhält man für jeden Kreis $\subset G$ ein Paar von Zyklen $\subset GR$.

Es gilt: Existiert eine gerichtete Kantenfolge F von Pa nach Pe, dann existiert auch eine Bahn B von Pa nach Pe. (Die Menge der Kanten $k'ij$ mit $k'ij \in B$ ist Teilmenge der Kanten mit $kij \in F$.) Führt eine Bahn von Pa nach Pe und eine Bahn von Pe nach $Pc \neq Pa$, so führt auch eine Bahn von Pa nach Pc.

Ein Baum heißt gerichtet, wenn er einen Knoten Pa von der Eigenschaft besitzt, daß jeder seiner Knoten Pi mit Pa durch eine Bahn verbunden ist, die von Pa nach Pi führt. Pa heißt der *Anfang* des gerichteten Baumes. Es gilt der Satz: In einem gerichteten Baum existiert nur eine Bahn von Pa nach Pi.

Jeden beliebigen Baum können wir in folgender Weise richten: Der Baum $B(P, K)$ mit $P=P1, \ldots, Pn$ enthält nach Definition genau einen Weg zwischen zwei beliebigen Punkten Pi und Pj. Wir zeichnen nun einen Punkt, etwa $P1$, aus. B enthält also genau einen Weg von $P1$ nach $Pi\;\forall i$. Wir richten die Kanten dieser Wege kontinuierlich von $P1$ nach Pi. Wir behaupten *erstens*, diese Richtungsvorschriften sind widerspruchsfrei, d.h., wenn eine Kante in zwei verschiedenen Wegen auftritt, dann erhält sie beide Male dieselbe Richtung, und *zweitens*, alle Kanten von B werden durch diese Vorschrift gerichtet.

Beweis von 1. Betrachten wir zwei Wege $W1i$ und $W1j$, die gemeinsame Kanten besitzen. $W1i$ bestehe aus den Punkten

$$P1\ Pi1\ Pi2 \ldots Pir\ Pi$$

und $W1j$ bestehe aus den Punkten

$$P1\ Pj1\ Pj2 \ldots Pjs\ Pj.$$

Da die beiden Wege mindestens eine Kante gemeinsam haben, haben sie auch deren Endpunkte gemeinsam. Sie besitzen also mindestens zwei gemeinsame Punkte, oder mindestens einen gemeinsamen Punkt $\neq P1$. Dieser Punkt sei $Pi\mu = Pj\nu \neq P1$. Da es nach Definition des Baumes in B aber nur einen Weg von $P1$ nach $Pi\mu$ bzw. $Pj\nu$ gibt, müssen in beiden Wegen sämtliche Punkte zwischen $P1$ und $Pi\mu$ bzw. $Pj\nu$ übereinstimmen. Insbesondere gilt also $Pi1 = Pj1$. Beim kontinuierlichen Richten der beiden Wege stellen wir deshalb fest, daß sie die erste Kante gemeinsam haben, und diese Kante erhält auch in beiden Wegen dieselbe Richtung von $P1$ nach $Pi1 = Pj1$. Haben die beiden Wege nur diese Kante gemeinsam, so sind wir fertig. Besitzen sie noch weitere gemeinsame Kanten, so führen wir die Abkürzung $Pi1 = Pj1 = P2$ ein und betrachten die Wege $W2i$ und $W2j$, die nun abermals mindestens eine gemeinsame Kante besitzen. Mit dem gleichen Schluß wie oben zeigen wir, daß die beiden Wege dann sicher die erste Kante gemeinsam haben und daß diese Kante bei beiden Wegen die gleiche Richtung erhält. So fahren wir fort, bis wir alle gemeinsamen Kanten erschöpft haben.

Beweis von 2 (indirekt): Wir nehmen an, die Kante Kij werde durch unsere Vorschrift nicht gerichtet. Dann kann Kij keinem der betrachteten Wege angehören. Insbesondere gilt also

$$Kij \notin W1i, Kij \notin W1j.$$

Wegen $Pi \in W1i$ folgt daraus $Pj \notin W1i$. Dann ist die Kantenfolge $W1i \cup Kij$ ein Weg von $P1$ nach Pj. Der Weg $W1j$ ist ein anderer Weg von $P1$ nach Pj, weil er die Kante Kij nicht enthält. Das steht im Widerspruch dazu, daß in B nur ein Weg von $P1$ nach Pj vorhanden sein kann.

Als Nebenergebnis haben wir beim Beweis von 1 erhalten: Wenn die Wege $W1i$ und $W1j$ gemeinsame Kanten besitzen, dann haben sie stets das erste Wegstück von $P1$ bis zu einem Punkt Pk gemeinsam. Dann gabeln sie sich und besitzen keine weiteren gemeinsamen Kanten oder Punkte. Wir nennen Pk die *Gabelung* zwischen $W1i$ und $W1j$. Die beiden Teilwege von Pk nach Pi und von Pk nach Pj bilden aneinandergefügt selbst einen Weg von Pi nach Pj, weil sie außer Pk keine gemeinsamen Kanten oder Punkte besitzen. Da es nur einen Weg zwischen Pi und Pj gibt, haben wir jetzt diesen Weg gefunden.

Wir erkennen auch, daß in einem derart gerichteten Baum der Vorgänger jedes Punktes Pk eindeutig bestimmt ist. Der Nachfolger braucht nicht eindeutig zu sein, da jede Gabelung zwei oder mehr Nachfolger besitzt.

Auch Schnitte lassen sich in gerichteten Graphen erklären, nur treten dabei die Punkte Pa und Pe sowie die Mengen M und $\overline{M}$ nicht mehr symmetrisch auf wie in 114. Wir teilen die Menge P in zwei Teilmengen M und $\overline{M}$ ein mit den Eigenschaften

$$M \cup \overline{M} = P$$

$$M \cap \overline{M} = \Lambda$$

$$Pa \in M$$

$$Pe \in \overline{M}.$$

Definition 116.1. Ein *Schnitt* $S(M, \overline{M})$ zwischen Pa und Pe (in dieser Reihenfolge) ist die Gesamtheit der gerichteten Kanten kij, die die Eigenschaft

$$Pi \in M, \quad Pj \in \overline{M}$$

besitzen.

Es gelten die Sätze:

Jede Bahn von Pa nach Pe enthält (mindestens) eine Kante aus jedem beliebigen Schnitt zwischen Pa und Pe.

Ist $S(M, \overline{M})$ ein Schnitt zwischen Pa und Pe, dann ist $S(\overline{M}, M)$ ein Schnitt zwischen Pe und Pa, und es gilt

$$S(M, \overline{M}) \cap S(\overline{M}, M) = \Lambda.$$

117 Basen

Es sei P die Menge der Knotenpunkte eines gerichteten Graphen G. Wir bezeichnen mit Πa diejenige Teilmenge von P, die den Knotenpunkt Pa von G und außerdem diejenigen Knotenpunkte Pi von G enthält, für die in G eine von Pa nach Pi führende Bahn existiert. Ist Πa für keinen Knotenpunkt Pb von G eine echte Teilmenge von Πb, so heißt Πa eine *Grundmenge* von G und Pa eine *Quelle* von Πa. Durch die Angabe der Quelle wird natürlich die Grundmenge bestimmt, es kann aber eine Grundmenge $\Pi c = \Pi d$ verschiedene Quellen Pc und Pd besitzen. Ist z. B. G ein Zyklus, so ist die Menge sämtlicher Knotenpunkte eine Grundmenge und jeder Knotenpunkt eine Quelle. Es gelten die Sätze:

Jeder Knotenpunkt Pa eines gerichteten Graphen G gehört einer Grundmenge von G an. Eine echte Teilmenge einer Grundmenge ist keine Grundmenge.

Eine Teilmenge Σ von P soll als *Punktbasis* für G bezeichnet werden, falls sie folgende zwei Eigenschaften besitzt:

1. Ist Pi ein beliebiger Knotenpunkt von G, der nicht in Σ enthalten ist, so führt eine Bahn in G von einem Punkt von Σ nach Pi.

2. Keine Bahn von G verbindet zwei verschiedene Knotenpunkte aus Σ.

Es gelten die Sätze:

Jeder gerichtete Graph besitzt eine Punktbasis. Ist der Punkt Pi in einer Basis Σ enthalten, so ist Πi eine Grundmenge. Jede Punktbasis Σ besteht aus je einer Quelle sämtlicher Grundmengen.

In Analogie zum Begriff der Punktbasis wird jetzt eine Kantenbasis definiert. Eine Teilmenge Θ der Kantenmenge eines gerichteten Graphen G (bzw. der durch diese Kanten gebildete Teilgraph von G) wird als *Kantenbasis* von G bezeichnet, wenn sie folgende zwei Eigenschaften besitzt:

1. Ist kij eine beliebige (gerichtete) Kante, die nicht in Θ enthalten ist, so führt eine aus den Kanten von Θ bestehende Bahn von Pi nach Pj.

2. Ist kij eine beliebige Kante aus Θ, so kann aus den übrigen Kanten aus Θ keine von Pi nach Pj führende Bahn gebildet werden.

Es gelten die Sätze:

Jeder gerichtete Graph besitzt eine Kantenbasis. Ein transitiver Graph mit lauter einfachen Kanten besitzt genau eine Kantenbasis. Ein Netz N mit n Knotenpunkten besitzt eine aus n Kanten bestehende Kantenbasis, aber keine, die weniger als n Kanten besitzt.

118 Linien von Euler und Hamilton

Enthält ein geschlossener Kantenzug sämtliche Kanten des Graphen, so soll er als *Eulersche Linie* des Graphen bezeichnet werden. Bei der Frage der Existenz Eulerscher Linien spielen sog. *Eulersche Graphen* eine ausgezeichnete Rolle. Ein Graph wird so bezeichnet, falls er endlich ist, und sämtliche Knotenpunkte von geradem Grade sind. Es gelten die Sätze: Jeder Knotenpunkt eines Eulerschen Graphen ist in einem Kreis des Graphen enthalten. Man kann sämtliche Kanten eines Graphen in einem geschlossenen Kantenzug dann und nur dann durchlaufen, wenn der Graph ein (zusammenhängender) Eulerscher Graph ist. Enthält ein Graph G genau $2p(>0)$ Knotenpunkte ungeraden Grades, so gibt es ein aus p offenen Kantenzügen Z bestehendes System $(Z1, Z2, \ldots, Zp)$, das so beschaffen ist, daß jede Kante von G in einem und nur einem der Kantenzüge Zi enthalten ist. Umgekehrt muß ein System von dieser Beschaffenheit wenigstens p Kantenzüge enthalten. Jeder Graph kann als eine geschlossene Kantenfolge so beschrieben werden, daß jede Kante genau zweimal durchlaufen wird. Für einen Graphen G gibt es dann und nur dann ein endliches System $S=\{K1, K2, \dots, Kn\}$ von Kreisen, welche so beschaffen sind, daß jede Kante von G einem und nur einem Kreis Ki angehört, wenn er ein Eulerscher Graph ist.

Verweilen wir hier und suchen wir uns diese Sätze wieder anschaulich klar zu machen. Zunächst ist in Abb. 118.1 ein Beispiel für einen Eulerschen Graphen gegeben. In einer Stadt, deren Verkehrsnetz diese Beschaffenheit aufweist, kann man eine einzige (Eulersche) Straßenbahnlinie einrichten, die folgendes leistet: Anfangs- und Endstelle der

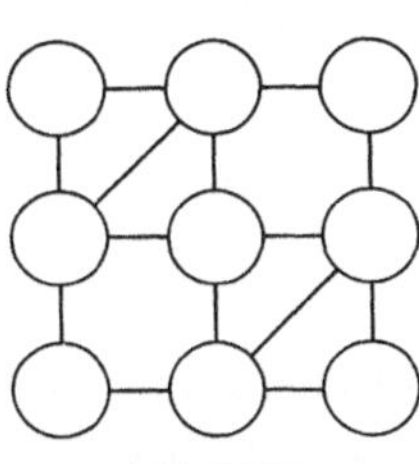

Abb. 118.1

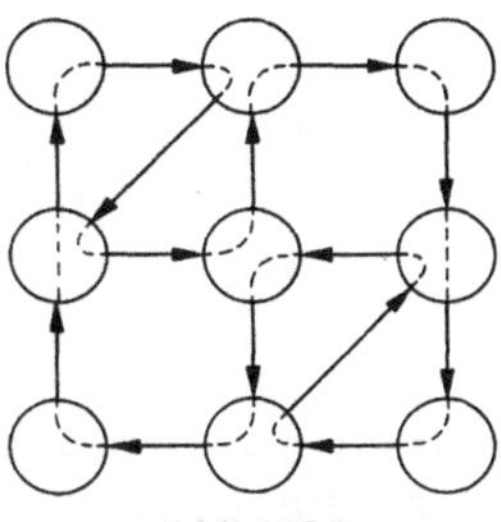

Abb. 118.2

Linie fallen zusammen. Die Linie ist in dem Sinn besonders ökonomisch, daß sie das gesamte Gleisnetz nur einmal befährt. Sie durchfährt dabei jede Strecke in einer Richtung (Abb. 118.2). Soll jede Strecke in beiden Richtungen durchfahren werden, dann muß eine zweite Rundlinie im entgegengesetzten Sinn eingerichtet werden. Von praktischer Bedeutung dürfte eine solche Konstruktion nicht sein, da die Linienführung außerordentlich kompliziert ist und häufiges Abbiegen notwendig wird. Haltestellen, die nicht benachbart sind, können auf diese Weise mitunter nur auf großen Umwegen miteinander verbunden werden. Andererseits wird jede Kreuzung von jedem Zug der Straßenbahn im Laufe der Rundfahrt u. U. mehrmals aus verschiedenen Richtungen angefahren.

Aus Seite 14 geht für ein völlig beliebiges Verkehrsnetz (das also insbesondere nicht die Eulersche Eigenschaft besitzen muß) hervor, wie viele Linien mindestens notwendig sind, um das Netz zu bedienen. Man braucht nur die Anzahl der Knotenpunkte ungeraden Grades durch zwei zu dividieren und erhält die gesuchte Anzahl. Der Satz gewährleistet, daß die Division stets aufgeht. Die Linien sind dabei wieder in dem Sinn ökonomisch, daß sie sich an Kreuzungen treffen und dort Umsteigmöglichkeiten bieten, daß aber kein Gleisstück im Netz von zwei oder mehr Linien benützt werden muß. Aus Seite 14 geht hervor, daß bei diesen Linien nicht alle Anfangsstellen mit den Endstellen übereinstimmen, wenn das Netz kein Eulerscher Graph ist. Erscheint in

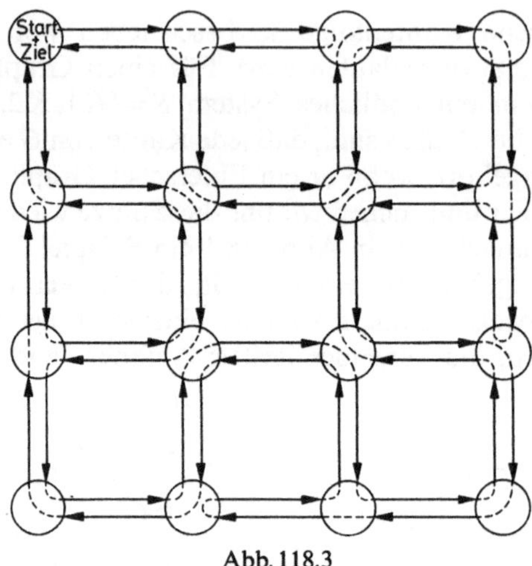

Abb. 118.3

einem gerichteten Graphen jeder Knotenpunkt ebensooft als Anfangspunkt wie als Endpunkt einer Kante, dann lassen sich die Sätze von Seite in folgender Form übertragen: Die Eulersche Eigenschaft ist notwendig und hinreichend dafür, daß sich sämtliche Kanten in der vorgeschriebenen Richtung in einem kontinuierlich gerichteten, geschlossenen Kantenzug durchlaufen lassen. Es gibt ein System von Zyklen, welches so beschaffen ist, daß jede gerichtete Kante von G in genau einem der Zyklen, und zwar mit dem vorgeschriebenen Richtungssinn, enthalten ist. Jeder nicht gerichtete Graph kann als Kantenfolge kontinuierlich so gerichtet durchlaufen werden, daß jede Kante genau zweimal, und zwar je einmal in beiden Richtungen, beschrieben wird.

Übertragen auf unser Beispiel sagt der letzte Satz, daß man bei jedem beliebigen (also auch nicht Eulerschen) Graphen das Auslangen mit einer einzigen Rundlinie findet und daß dabei jede Gleisstrecke zwar zweimal durchlaufen wird, aber einmal in jeder Richtung, und daß die so konstruierte Rundlinie als ihre eigene Gegenlinie aufgefaßt werden kann (Abb. 118.3). Der Unterschied zu Eulerschen Graphen wird dabei aus den Beispielen ersichtlich. Bei einem Eulerschen Graphen lassen sich Linie und Gegenlinie stets trennen, bei einem beliebigen Graphen ist dies nicht der Fall.

Während die Eulerschen Linien Kantenzüge sind, die alle *Kanten* eines Graphen genau einmal durchlaufen, sind die *Hamiltonschen Linien* Kreise, die jeden *Knotenpunkt* des Graphen enthalten. Es gibt Beispiele für Graphen, die keine Hamiltonschen Linien besitzen. Allgemeine Sätze, bei welchen Graphen Hamiltonsche Linien vorhanden sind, sind jedoch nicht bekannt. Dies ist mit eine der Ursachen, warum über den kürzesten Rundreiseweg in 3 so wenig allgemein Gültiges gesagt werden kann. Könnten wir von einem vorgelegten Graphen leicht entscheiden, daß er keine Hamiltonsche Linie besitzt, dann könnten wir das Problem des Rundreisewegs reduzieren. In einem Straßennetz ohne Hamiltonsche Linie besteht der kürzeste Rundreiseweg aus mindestens zwei Kreisen (Zyklen), die einen Knotenpunkt gemeinsam haben. Zuletzt erwähnen wir den Satz: Die Kanten irgendeiner Kantenbasis von minimaler Kantenzahl für das Netz N bilden eine kontinuierlich gerichtete Hamiltonsche Linie von N.

12 Bewertete Graphen

Wir ordnen jetzt jeder Kante, die Pi mit Pj verbindet, als Bewertung eine reelle Zahl $dij = D(kij)$ mit $dij \geqq 0$, $dii = 0$ zu. Dadurch entsteht ein bewerteter Graph $G = (P, K, D)$. Für nicht gerichtete Kanten Kij gilt $dij = dji$, bei gerichteten Graphen kann $dij \neq dji$ sein. Anschaulich können wir unter der Bewertung dij etwa die geometrische Länge der Kante kij verstehen, die Reisezeit, die wir benötigen, um längs kij von Pi nach Pj zu gelangen, oder die Verkehrskapazität, die die Kante von Pi nach Pj aufnehmen kann. Wir werden später noch darauf eingehen, warum die unten beschriebenen Algorithmen versagen, wenn wir für dij auch negative Werte zulassen. Dagegen soll der Ausdruck $dij = \infty$ in Sonderfällen zugelassen sein, die wir in 122 erläutern.

Sobald die einzelnen Kanten eines Graphen bewertet sind, ist es sinnvoll, auch von der Bewertung einer gerichteten Kantenfolge F zu sprechen. Wir erklären die Bewertung D einer Kantenfolge F als Funktion f der Bewertungen der einzelnen Kanten kij

$$D(F) = \underset{kij \in F}{f}(di1j1, \ldots, dirjr).$$

Diese Definition überträgt sich auf spezielle Kantenfolgen, nämlich gerichtete Kantenzüge und Bahnen.

Im wesentlichen sind für die Bewertung D nur zwei verschiedene Funktionstypen L und C von Bedeutung

$$\left.\begin{array}{ll} A) & L(F) = \sum\limits_{kij \in F} dij \cdot vij \\ B) & C(F) = \min\limits_{kij \in F}(dij) \end{array}\right\} \begin{array}{l} Kij \in F \text{ im Fall nicht} \\ \text{gerichteter Kantenfolgen.} \end{array}$$

Dabei ist vij die Vielfachheit der Kante kij.

Im Fall A) deuten wir die Bewertung der Kanten am besten als *Länge*. Die Länge einer Kantenfolge ist also die Summe der Längen der darin enthaltenen Kanten, jede mit ihrer Vielfachheit gezählt. Als erstes

Beispiel betrachten wir einen Weg in einem Verkehrsnetz. Die gesamte Weglänge ist die Summe der Weglängen zwischen den einzelnen Kreuzungen. Als Bewertung jeder Kante ist daher die geometrische Entfernung der Endpunkte der Kante zu wählen. Ebenso ist die Fahrzeit, die zum Zurücklegen des Wegs notwendig ist, gleich der Summe der Fahrzeiten für die einzelnen Wegstücke zwischen Kreuzung und Kreuzung (der Fall, daß sich Aufenthalte an den Kreuzungen ergeben, kann auf diese Weise ebenfalls behandelt werden, wie in 24 gezeigt wird). Als Bewertung tritt hier die Zeit zum Durchfahren einer Kante auf.

Als drittes Beispiel nehmen wir eine Telefonverbindung von Pa nach Pe über die Knotenämter $P2, P3, \ldots, Px$. Wir nehmen an, daß wir die Wahrscheinlichkeit pij kennen, mit der eine Leitung von Pi nach Pj verfügbar ist und daß die Wahrscheinlichkeit für das Freisein einer Leitung zwischen zwei Knotenämtern vom Zustand der Verbindungen zwischen allen übrigen Knotenämtern unabhängig ist. Dann gilt für die Wahrscheinlichkeit pae, daß die Verbindung über die gewünschten Knotenämter lauter freie Leitungen vorfindet, nach elementaren Sätzen der Wahrscheinlichkeitstheorie

$$pae = pa2 \cdot p23 \ldots pxe.$$

Hier wählen wir als Bewertung der Kante kij die Größe $dij = \log \frac{1}{pij}$, dann erhalten wir mit der Abkürzung $L = \log \frac{1}{pae}$

$$\begin{aligned} L &= \log(1/pae) = \log(1/pa2) + \log(1/p23) + \cdots + \log(1/pxe) \\ &= da2 + d23 + \cdots + dxe. \end{aligned}$$

Je kleiner pae ist, desto größer wird die „Entfernung“ L zwischen Pa und Pe, und zwar errechnet sie sich wieder als Summe der „Entfernungen“ zwischen den einzelnen Knoten der Verbindung.

Im Fall *B*) interpretieren wir die Bewertung dij als *Kapazität*. Der Verkehrsfluß, den ein Straßenzug F von Pa nach Pe bewältigt, wird durch das Teilstück mit der geringsten Kapazität bestimmt, ein Sachverhalt, der in der Beziehung *B*) seinen Ausdruck findet.

Es gelten die Sätze:

$L(F)$ ist monoton steigend bezüglich der Menge der zugelassenen Kanten kij:

(12.1) $$F \supset F' \Rightarrow L(F) \geqq L(F').$$

$C(F)$ ist monoton fallend bezüglich der Menge der zugelassenen Kanten kij:

(12.2) $$F \supset F' \Rightarrow C(F) \leqq C(F').$$

Der Beweis verläuft im Fall (1) so: In A) nehmen wir zunächst alle Vielfachheiten $vij=1$. Dafür zählen wir die Längen mehrfacher Kanten in der Summe entsprechend oft. Damit wird

$$L(F')=\sum_{kij\in F'} dij$$

und

$$L(F)=\sum_{kij\in F} dij=\sum_{kij\in F'} dij+\sum_{\substack{kij\in F\\ \wedge kij\notin F'}} dij=L(F')+\sum_{\substack{kij\in F\\ \wedge kij\notin F'}} dij;$$

zusammen mit $dij\geqq 0$ folgt die Behauptung. Auch sieht man, daß in (12.1) das Gleichungszeichen nie bestehen kann, wenn stets $dij>0$ gilt und F' von F echt umfaßt wird.

Der Beweis von (12.2) verläuft analog.

121 Optimale Kantenfolgen

Die Einführung einer Bewertung bringt in unsere Betrachtungen ein metrisches Element. Zum Unterschied von den früheren Untersuchungen, bei denen lediglich die Zusammenhangsverhältnisse des Graphen eine Rolle spielten, wird es nun sinnvoll, vom kürzesten Weg zwischen zwei Punkten zu reden oder zwischen zwei Punkten die Bahn mit der größten Kapazität zu betrachten. Ebenso wird die Bestimmung des Betrags dieser kürzesten Weglänge oder dieser größten Kapazität interessant sein. Um diesen Sachverhalt formulieren zu können, betrachten wir Mengen $\{F1, F2, \ldots, Fi, \ldots, Ft\}$ von (unter Umständen gerichteten) Kantenfolgen $Fi=Fi(a,e)$, die Pa mit Pe verbinden. Insbesondere bezeichnen wir die Menge aller Kantenfolgen $Fi(a,e)$ mit weniger als ω Kanten (jede Kante in ihrer Vielfachheit gezählt) mit Mae. Dabei kann $\omega\gg z$ (z die Anzahl der Kanten des Graphen) sein. Wir vermeiden durch die Beschränkung der Kantenzahl triviale Komplikationen bei den folgenden Sätzen, Komplikationen, die dadurch entstehen könnten, daß es zwischen zwei Punkten unendlich viele Kantenfolgen gibt, wenn man z.B. gestattet, daß Schleifen beliebig oft durchlaufen werden. Durch die angegebene Beschränkung haben wir es im folgenden stets mit endlichen Mengen zu tun, so daß wir z.B. stets wissen, daß auf diesen Mengen definierte Funktionen ihre Extrema tatsächlich annehmen.

Mit dieser Bezeichnung gilt für die kürzeste Kantenfolge $\Phi=\Phi ae$ die Beziehung

(121.1) $$L(\Phi)=\min_{F\in Mae} L(F).$$

Ebenso gilt für die Kantenfolgen Φ mit maximaler Kapazität

(121.2) $$C(\Phi)=\max_{F\in Mae} C(F).$$

(121.3) Aus $dij>0$ folgt:

Die kürzeste gerichtete Kantenfolge Φae von Pa nach Pe ist eine Bahn.

Beweis indirekt: Wir nehmen an, die kürzeste Kantenfolge Φae sei keine Bahn, dann gibt es nach (116) eine Bahn Bae, für die gilt

$$kij \in \Phi ae$$

$$k'ij \in Bae$$

$$\{kij\} \supset \{k'ij\},$$

und für mindestens eine Kante $k\alpha\beta \in \Phi$ haben wir $k\alpha\beta \notin B$. Nach der Bemerkung beim Beweis von (12 .1) gilt in diesem Fall $L(\Phi) > L(B)$, was einen Widerspruch zur Annahme darstellt. Auch bei $dij>0$ braucht jedoch die kürzeste Bahn nicht eindeutig bestimmt zu sein.

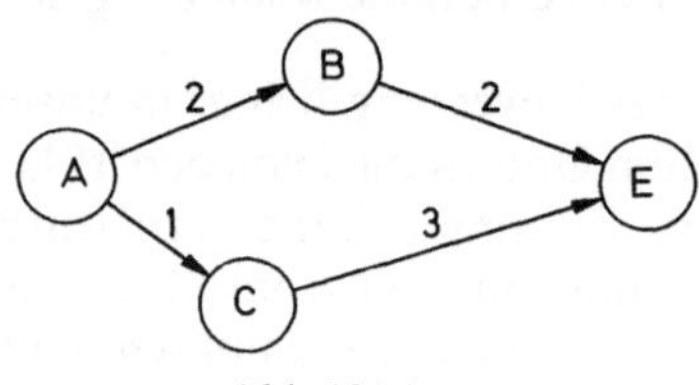

Abb. 121.1

Siehe das Beispiel Abb. 121.1, in welchem neben jede Kante ihre Länge geschrieben wurde: $L(ABE)=4=L(ACE)$. Falls mehrere kürzeste Kantenfolgen von Pa nach Pe existieren, dann wählen wir eine von ihnen willkürlich als Repräsentanten aus und halten diesen Repräsentanten während den folgenden Überlegungen fest.

Bei nicht gerichteten Graphen mit $dij>0$ gilt in Analogie zu (121.3):

(121.4) Die kürzeste Kantenfolge von Pa nach Pe ist ein Weg. Der Beweis verläuft wie oben, wenn man anstelle von (116) den analogen Satz (112.2) benützt.

Jetzt zeigen wir den Satz: *Jedes Teilstück einer kürzesten Bahn ist wieder eine kürzeste Bahn.*

Beweis: Die Bahn $B=Bae$ enthalte außer Pa und Pe einen weiteren Punkt Pm.

Dann gilt nach A)

$$L(Bae)=L(Bam)+L(Bme).$$

Wir behaupten zunächst: Bam ist selbst kürzeste Bahn von Pa nach Pm. Den Beweis führen wir indirekt: Wir nehmen an, es gäbe eine Bahn $B'am$ mit $L(B'am)<L(Bam)$;

dann ist die Vereinigung $B'am \cup Bme$ eine Kantenfolge $F = Fae$ von Pa nach Pe mit der Länge

$$L(F) = L(B'am) + L(Bme) < L(Bam) + L(Bme) = L(Bae)$$

im Widerspruch zur Voraussetzung, daß Bae die kürzeste Bahn und damit die kürzeste Kantenfolge überhaupt war. Es gilt also

(121.5) Jedes Anfangsstück einer kürzesten Bahn ist wieder kürzeste Bahn.

Genauso zeigt man

(121.6) Jedes Endstück einer kürzesten Bahn ist wieder kürzeste Bahn.

Nun betrachten wir ein beliebiges Teilstück der Bahn Bae. Es führe von Pm nach Pn. Wir zerlegen die Bahn $Bae = Bamne$ wie folgt:

$$Bamne = Bamn \cup Bme.$$

Nach (121.5) ist $Bamn$ kürzeste Bahn. Nun zerlegen wir $Bamn$ wie folgt:

$$Bamn = Bam \cup Bmn.$$

Nach (121.6) ist auch Bmn kürzeste Bahn, w.z.b.w.

Nun betrachten wir in einem gerichteten Graphen G mit den Knotenpunkten $P1, P2, \dots, Pn$ die Menge der kürzesten Bahnen $B(1,i)$, $i = 1(1)n$ von $P1$ nach Pi. Im Fall, daß diese kürzesten Bahnen nicht eindeutig bestimmt sind, wählen wir ein System vom Repräsentanten aus. Dabei soll die Auswahl so erfolgen, daß alle Bahnen, die über einen festen Punkt Pj führen, das Stück von $P1$ nach Pj gemeinsam haben. Dies ist etwa in folgender Weise möglich: Wir denken uns Repräsentanten $B(1,2), B(1,3), \dots, B(1,k-1)$ bereits gewählt. Einen Repräsentanten $B(1,k)$ finden wir so: Wir greifen unter den kürzesten Bahnen von $P1$ nach Pk willkürlich eine heraus, sie heiße $\bar{B}(1,k)$ und enthalte die Punkte $P1 = Pi1, Pi2, \dots, Pir, \dots, Pis = Pk$. Wir sehen bei Pk beginnend und gegen $P1$ fortschreitend nach, welcher dieser Punkte bereits in einer der Bahnen $B(1,2), \dots, B(1,k-1)$ enthalten ist. Der (von Pk aus gezählte) erste so gefundene Punkt sei Pir. Es gibt stets einen solchen Punkt Pir, da $Pi1 = P1$ allen Bahnen gemeinsam ist. Daher läßt sich $\bar{B}(i,k)$ in die beiden Teilstücke $\bar{B}(1,ir)$ und $\bar{B}(ir,k)$ zerlegen, die nach dem obigen selbst kürzeste Bahnen sind. Unter den kürzesten Bahnen $B(1,2), \dots, B(1,k-1)$, die Pir enthalten, sei die Bahn $B(1,ir) \cup B(ir,h)$. Als Teilstück einer kürzesten Bahn ist $B(1,ir)$ selbst kürzeste Bahn, und es gilt $L(B(1,ir)) = L(\bar{B}(1,ir))$. Nun wählen wir als Repräsentanten

$$B(1,k) = B(1,ir) \cup \bar{B}(ir,k).$$

Die Länge von $B(1,k)$ stimmt mit der Länge von $\bar{B}(1,k)$ überein, $B(1,k)$ ist also kürzeste Bahn. Außerdem gewährleistet die Auswahlvorschrift, daß das Teilstück von $P1$ nach Pir mit einem und daher mit allen Teilstücken von Bahnen $B(1,2), \ldots, B(1,k-1)$ übereinstimmt, die über Pir führen. Dies gilt auch für den Extremfall $Pir=Pk$. Im anderen Extremfall $Pir=P1$ ist die Aussage trivial, aber ebenfalls richtig. Was wir damit erreichen, ist das gewünschte Ergebnis, daß alle Bahnen, die über Pj $(=Pir)$ führen, das Stück $P1\,Pj$ gemeinsam haben.

Nun betrachten wir den Graphen, dessen Knotenpunkte die Punkte $P1, \ldots, Pn$ und dessen Kanten jene Kanten von G sind, die mindestens einer der ausgewählten kürzesten Bahnen $B(1,i)$, $i=1(1)n$, angehören. Der so entstehende Graph G' ist ein Baum. Das folgt aus zwei Tatsachen:

1. Nach Konstruktion gibt es zwischen zwei beliebigen Punkten Pi und Pk einen Weg, der diese Punkte verbindet, und zwar führt er über die Gabelung Pj der Wege $B(1,i)$ und $B(1,k)$.

2. G' ist kreisfrei. Beweis: Nach Konstruktion besteht G' aus Bahnen, die von $P1$ ausgehen. G' kann daher zunächst keine Zyklen enthalten. Enthielte G' dennoch einen Kreis, könnte dieser nicht kontinuierlich gerichtet sein. Es müßte also auf diesem Kreis einen Punkt Pe geben, der Endpunkt von zwei verschiedenen Kanten wäre. Dann gäbe es auch zwei verschiedene Bahnen von $P1$ nach Pe, im Widerspruch zur Konstruktion von G'.

Aus der Konstruktion folgt nach 115 weiter, daß G' sogar ein gerichtetes Gerüst von G mit dem ausgezeichneten Punkt $P1$ ist.

122 Numerische Beschreibung von bewerteten Graphen

Wir können einen gerichteten bewerteten vollständigen Graphen mit n Knotenpunkten auf zwei verschiedene Arten beschreiben. Erstens durch eine Kantenliste, die für jede der $n\cdot(n-1)$ Kanten drei Eintragungen enthält.

Tabelle 122.1

Numer des Anfangspunktes	Nummer des Endpunktes	Bewertung der Kanten

Zweitens können wir in einem quadratischen Schema (einer Matrix) von n Zeilen und n Spalten in den Kreuzungspunkt von i-ter Zeile und k-ter Spalte die Bewertung dik schreiben (*Knoten-mal-Knoten* Matrix). Eine andere Möglichkeit zur Beschreibung von Graphen durch Matrizen stellen die Matrizen von Veblen-Poincaré dar (vgl. [40]). Jedoch eignen sie sich für unsere Zwecke, insbesondere für die Behandlung bewerteter Graphen, nicht.

Meist haben wir es nicht mit vollständigen Graphen zu tun. Wir führen die Beschreibung eines beliebigen Graphen aber auf die eines vollständigen zurück. Wir ergänzen den gegebenen Graphen durch Hinzufügen neuer Kanten zu einem vollständigen Graphen. Anschließend bewerten wir die neu hinzugefügten Kanten im Fall *A*) mit ∞, im Fall *B*) mit 0. Durch die Gleichungen

A) $$L(F) = \sum_{kij \in F} dij,$$

B) $$C(F) = \min_{kij \in F} (dij)$$

überträgt sich diese Bewertung auch auf Kantenfolgen: $L(F)$ ist genau dann unendlich und $C(F)$ genau dann Null, wenn F mindestens eine hinzugefügte Kante enthält.

Wir fassen zusammen: Die Tatsache „zwischen Pi und Pj existiert keine Kante" wird im Fall *A*) durch den Ausdruck $dij = \infty$, im Fall *B*) durch die Gleichung $dij = 0$ beschrieben. Unsere Beispiele ordnen sich dieser Festsetzung zwanglos ein. In einem Straßensystem wird man anstelle der Aussage „zwischen Pi und Pj existiert keine Verbindung" die Aussage „die Länge der direkten Verbindung $Pi\,Pj$ ist unendlich" zuzulassen geneigt sein. Im Fall des Telefonnetzes war

$$dij = \log \frac{1}{pij}.$$

Unter

$$\log \frac{1}{pij} = \infty$$

wollen wir $pij = 0$ verstehen. Anstelle von „zwischen Pi und Pj existiert keine Leitung" heißt es hier also „die Wahrscheinlichkeit, zwischen Pi und Pj eine freie Leitung vorzufinden, ist gleich Null". Im dritten Beispiel heißt es anstelle von „zwischen Pi und Pj existiert keine Straße": „Die Kapazität der Straße zwischen Pi und Pj ist gleich Null."

Auch der Widerspruch zwischen Umgangssprache und mathematischer Fachsprache läßt sich auf diese Weise beseitigen. In der Graphentheorie ist ein *Netz* ein vollständiger gerichteter Graph. Im Verkehrswesen wird als Verkehrsnetz ein Gebilde bezeichnet, das keineswegs zu je zwei Kreuzungen ihre direkte Verbindung enthält. Nunmehr denken wir uns auch bei einem Verkehrsnetz diese Verbindung nachträglich eingefügt und dann mit der Länge ∞ bzw. der Kapazität 0 bewertet.

Wir kehren nun zur numerischen Beschreibung von Graphen zurück. Bei der Beschreibung eines Graphen durch eine Liste benötigen wir drei

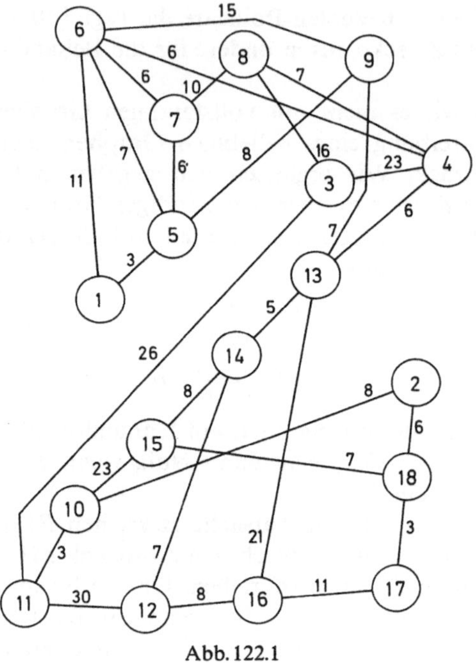

Abb. 122.1

Eintragungen je Kante. Bei der Beschreibung durch eine Matrix nur eine. Wir können aber aus der Liste im Fall *A*) alle Kanten mit $dij = \infty$, im Fall *B*) alle Kanten mit $dij = 0$ fortlassen. Bei der Beschreibung durch eine Matrix muß auch in diesem Fall ein Platz frei gehalten werden. Daher empfiehlt sich die Beschreibung des Graphen durch eine Liste bereits dann, wenn jeder Knoten im Mittel mit weniger als dem dritten Teil aller übrigen Knoten durch Kanten verbunden ist, also in allen praktisch wichtigen Fällen. Dieser Vorteil der Liste wird noch dadurch verstärkt, daß die Punktnummer im allgemeinen weniger Ziffern enthält als die Kantenlänge, so daß unter Umständen die Nummern des Anfangs- und Endpunkts gemeinsam in einer einzigen Speicherzelle Platz finden können.

Bei besonders regelmäßigen Netzen (z.B. einer Stadt mit einem schachbrettartigen Straßenraster) kann die Beschreibung durch eine Kombination von Liste und Matrix vorzuziehen sein: Für jeden Anfangspunkt wird eine feste Anzahl von (etwa 4) Plätzen in der Liste reserviert. Die Liste selbst enthält die Nummer des Endpunktes und die Entfernung, also zwei Eintragungen je Kante, während die Nummer des Anfangspunktes erhalten wird, indem man die Zeilennummer innerhalb der Liste durch eine Konstante (etwa 4) dividiert.

Wir werden uns im folgenden auf die Beschreibung von Graphen mit Hilfe einer Liste beschränken. Gilt für alle i und j $dij=dji$, dann können wir unsere Liste dadurch weiter verkürzen, daß wir von jedem Kantenpaar kij und kji nur jenes mit (Nummer des Anfangspunkts) $<$ (Nummer des Endpunkts) aufnehmen. In jedem Fall ordnen wir unsere Liste systematisch an: Die Nummern der Anfangspunkte sollen in der Liste in aufsteigender Reihenfolge enthalten sein. Innerhalb einer Nummer des Anfangspunktes sollen die Nummern der Endpunkte in aufsteigender Reihenfolge geordnet sein.

Der (nicht gerichtete) Graph (Abb. 122.1), neben dessen Kanten die Kantenlängen stehen, wird durch folgende Liste (Tabelle 122.2) wiedergegeben.

Die Entfernung von $P10$ nach $P2$ findet sich z.B. unter $k2, 10$ als $dij=8$.

Tabelle 122.2

Nr. des Anfangspunktes i	Nr. des Endpunktes j	Bewertung der Kante dij
1	5	3
1	6	11
2	10	8
2	18	6
3	4	23
3	8	16
3	11	26
4	6	6
4	8	7
4	13	6
5	6	7
5	7	6
5	9	8
6	7	6
6	9	15
7	8	10
9	13	7
10	11	3
10	15	23
11	12	30
12	14	7
12	16	8
13	14	5
13	16	21
14	15	8
15	18	7
16	17	11
17	18	3

2 Kürzeste Wege

21 Wege aus einem Labyrinth

Wir betrachten einen Graphen G mit den Knoten $P1, \ldots, Pn$ und stellen uns die Aufgabe, einen Weg von einem Knoten Pa von G zu einem Knoten Pe von G zu finden.

Ohne Beschränkung der Allgemeinheit numerieren wir die Knotenpunkte des Graphen so, daß Pa mit $P1$ zusammenfällt. Ferner fassen wir den Graphen G gemäß 122 als Netz N auf. Die Bewertung des Netzes nehmen wir nach der Vorschrift

$$dij = dji = \begin{cases} 1 & \text{für } kij \in G \\ \infty & \text{sonst} \end{cases}$$

vor. Schließlich stellen wir uns die allgemeinere Aufgabe, je einen Weg von $P1$ zu jedem Punkt Pi, $i = 2, \ldots, n$ zu finden. Der gesuchte Weg von $P1$ nach Pe ist dann ebenfalls darunter. Ein Algorithmus, der das Gewünschte leistet, verläuft wie folgt: Wir beginnen mit $P1$ und stellen in einem ersten Schritt fest, zu welchen Punkten Pj eine Kante $k1j$ existiert. Das ist anhand der Kantenliste möglich:

$$d1j < \infty \Rightarrow k1j \in G.$$

Auf diese Weise finden wir alle Nachfolger von $P1$. Nun legen wir eine zweite Liste, die Punktliste, an. Sie enthält zu jedem Punkt $P1, \ldots, Pn$ drei Eintragungen:

1. Die Punktnummer i des Vorgängers,
2. die Punktnummer j,
3. eine natürliche Zahl rj nach der Formel $rj = ri + 1$ mit der Anfangsbedingung $r1 = 0$.

Zum Beispiel lauten die Eintragungen bei Punkt 7, falls eine Kante $k17$ existiert,

$$1 \quad 7 \quad 1.$$

Wir besitzen nun alle Wege vom Punkt $P1$ zu den Nachbarpunkten Pj.

In einem zweiten Schritt suchen wir Nachfolger der Punkte Pj, lassen aber jene Punkte unbeachtet, die bereits als Nachbarn von $P1$

aufgetreten sind und den Punkt $P1$ selbst. Formal erkennen wir die Punkte, deren Nachfolger wir suchen sollen, z.B. an der Eintragung $rj=1$ in der Punktliste: Als Nachfolger kommen die Punkte Pk mit $djk<\infty$ in Frage. Unter ihnen sind jene mit $rk=1$ (als Nachfolger von $P1$) und $rk=0$ (der Punkt $P1$ selbst) nicht zu beachten. Sobald ein in Frage kommender Nachfolger festgestellt ist, werden die entsprechenden Eintragungen in die Punktliste vorgenommen. Damit besitzen wir Wege von $P1$ über die Nachfolger Pj zu allen Punkten Pk, die Nachfolger von Pj und zweite Nachfolger von $P1$ sind.

So fahren wir fort. In einem i-ten Schritt suchen wir die Nachfolger der bereits gefundenen $(i-1)$-ten Nachfolger von $P1$ auf. Dies geschieht formal nach folgender Regel:

a) Wir stellen in der Punktliste einen Punkt Ps mit $rs=i-1$ fest,

b) wir wählen ein j mit $dsj<\infty$ und der Eigenschaft, daß die Zeile j der Punktliste noch keine Eintragung enthält,

c) wir tragen in der Zeile j der Punktliste ein:

Spalte 1. Nummer des Vorgängers $=s$,

Spalte 3. $rj=rs+1=(i-1)+1=i$.

Damit besitzen wir einen Weg von $P1$ nach Pj (von dem wir zusätzlich wissen, daß er außer $P1$ noch i Knotenpunkte enthält und daß der letzte Knotenpunkt vor Pj der Punkt Ps ist).

Sobald wir alle in Frage kommenden Ps auf diese Weise behandelt haben und für jedes s alle in Frage kommenden Pj, besitzen wir Wege, die außer $P1$ genau i Knotenpunkte enthalten. Beim i-ten Schritt haben wir dabei alle Punkte erreicht, für die es mindestens einen Weg vom Ursprung gibt, der außer dem Anfangspunkt noch i Knoten, insgesamt also auch i Kanten aufweist, aber keinen Weg mit weniger als i Kanten. Damit sind wir mit dem i-ten Schritt fertig und gehen zum $(i+1)$-ten Schritt über.

Das Verfahren endet, sobald der Punkt Pe erreicht ist. Da wir den Graphen G als zusammenhängend vorausgesetzt haben, gibt es einen Weg von $P1=Pa$ nach Pe. Er enthält außer Pa höchstens $n-1$ Knotenpunkte (er kann höchstens alle Punkte des Graphen enthalten), wir sind also längstens nach n Schritten fertig.

d) Nun verfolgen wir den gesuchten Weg von Pe nach Pa zurück. Wir stellen in der Punktliste den Vorgänger von Pe, also den letzten Zwischenpunkt auf dem Weg von Pa nach Pe fest. Es sei dies der Punkt Ph. Nun suchen wir den Vorgänger von Ph, also den vorletzten Punkt usw., bis wir in Pa angelangt sind.

Der beschriebene Algorithmus liefert sicher gerichtete Kantenfolgen von $P1$ nach Pj (wir setzen neue Kanten jeweils in Punkten an, die bereits durch eine Kantenfolge mit $P1$ verbunden sind). Daß diese Kantenfolgen auch Bahnen und daher eo ipso Wege sind, wollen wir uns noch überlegen: Die Zahl $rj=i$ gibt nach dem obigen in der von uns vereinbarten Metrik $drl=1$ die minimale Anzahl von Kanten, die wir brauchen, um von $P1$ nach Pj zu gelangen. Für die Länge jeder Kantenfolge F von $P1$ nach Pj gilt daher:

$$L(F)=\sum_{dkl\in F} dkl=\sum_{dkl\in F} 1\geqq i, \tag{21.1}$$

da wir mindestens i Kanten brauchen, um von $P1$ nach Pj zu gelangen. Die von uns gefundene Kantenfolge besitzt also minimale Länge. Damit folgt aus (121.3), daß unser Algorithmus eine Bahn von $P1$ nach Pj liefert.

Brechen wir den Algorithmus nicht bei Erreichen eines vorher gewählten Punktes ab, sondern erst, sobald alle n Punkte $P1, P2, \ldots, Pn$ erreicht sind, dann erhalten wir ein Gerüst für G. Der Algorithmus ist nämlich ein Spezialfall der Auswahlvorschrift aus 121. Der dort mit Pir bezeichnete Punkt ist mit dem hier mit Ps bezeichneten Punkt identisch. In der kürzesten Bahn $P1\ldots Ps\,Pj$ ist $P1\ldots Ps$ eine bereits vor dem i-ten Schritt ermittelte kürzeste Bahn. Wenn wir die im i-ten Schritt gefundene Bahn $P1\ldots Ps\,Pj$ bis zu einem Punkt zurückverfolgen, der schon auf einer früher festgestellten Bahn liegt, so finden wir als diesen Punkt Ps. Die Vorschrift, wie wir von Ps zurück nach $P1$ gelangen, ist gemäß d) unabhängig von Pj und eindeutig: In der Punktliste gibt es zu jedem Punkt nur einen Vorgänger. Daher ist das Stück $P1\ldots Ps$ allen Bahnen, die überhaupt diese beiden Punkte enthalten, gemeinsam. Das ist aber die wesentliche Forderung der Auswahlvorschrift in 121.

Die Berechnung der Größe rj ist entbehrlich: Wenn wir in a) nicht nur die Punkte Ps mit $rs=i-1$ betrachten, sondern der Reihe nach alle bereits erreichten Punkte, können wir in b) und c) genauso verfahren wie angegeben. Wieder zeigt man genau wie oben, daß man ein Gerüst für den Graphen G erhält. Nur muß dieses Gerüst nicht mehr aus den kürzesten Wegen in der Metrik $dij=1$ bestehen. Das Gerüst wird im allgemeinen von der gewählten Numerierung der Punkte abhängen.

Dies ist auch bei Berücksichtigung der rj der Fall, wenn die kürzesten Wege nicht eindeutig sind.

Ebenso wie die Berechnung der rj ist auch die Angabe der dij in der Kantenliste entbehrlich. Die Eintragungen in die Kantenliste hatten nach 122 die Form (i, j, dij). In unserem Fall ist nur $dij=1$ oder $dij=\infty$ möglich. Eintragungen mit $dij=\infty$ werden vereinbarungsgemäß weggelassen, so daß jede Eintragung in unserer Kantenliste $(i, j, 1)$ lauten muß. Daher können wir das Anschreiben des Einsers sparen und die Eintragungen in die Kantenliste in der Form (i, j) geben.

Wir wollen aber aus Gründen der besseren Übersicht auch in nicht gerichteten Graphen neben (i,j) ausdrücklich die Eintragung (j,i) für die Gegenkante jedes Mal angeben.

Wenn wir dies alles berücksichtigen, dann kommen wir zu folgendem

Algorithmus 1

der die Berechnung eines Weges aus einem Labyrinth leistet. Wir formulieren ihn in ALGOL (s. etwa [4]) und benützen für die Ein- und Ausgabe die ALCOR-Konventionen, so daß er unmittelbar auf jeder Rechenanlage durchgeführt werden kann, für die ein ALCOR-Übersetzer vorhanden ist.

Benützte Symbole

Variable:

n	Anzahl der Knoten
z	Anzahl der (gerichteten) Kanten
$i=1,2,\ldots,n$	laufende Indizes der Knoten
$j=1,2,\ldots,n$	laufende Indizes der Knoten
$ij=1,2,\ldots,z$	laufende Indizes der Kanten
a	Nr. des Anfangspunktes
e	Nr. des Endpunktes.

Felder:

$k[ij,1]$	Nr. des Anfangspunkts der Kante Nr. ij
$k[ij,2]$	Nr. des Endpunkts der Kante Nr. ij
$p[i]$	Nr. des Vorgängers von Punkt $P i$ auf einem von $P a$ nach $P i$ führenden Weg.

Verlangt werden:

n, z, Feld k in der Reihenfolge $k[1,1]$, $k[1,2]$, $k[2,1]$, $k[2,2]$, ..., $k[z,2]$, a, e;

geliefert werden:

die Punktnummern für einen Weg von $P a$ nach $P e$ in der Reihenfolge $e, \ldots, a$.

```
begin
comment algorithmus 1 ;
integer n, z, i, j, ij, a, e ;
read (n, z) ;
begin
integer array k[1:z, 1:2], p[1:n] ;
for ij:=1 step 1 until z do
read(k[ij, 1], k[ij, 2]) ;
read(a, e) ;
```

```
comment schluss des einlesens, jetzt werden anfangsbedingungen
   gesetzt ;
for i:=1 step 1 until n do
p[i]:= −2 ;
p[a]:= −1 ;
comment beginn der rechnung ;
alpha: for ij:=1 step 1 until z do
begin
i:=k[ij, 1] ;
if p[i] ≠ −2 then
begin
j:=k[ij, 2] ;
if j=e then goto beta ;
if p[j]= −2 then p[j]:=i ;
end
end ;
goto alpha ;

beta: comment ausgabe ;
print (j) ;
print (i) ;
gamma: if i≠a then
begin
i:=p[i] ;
print (i) ;
goto gamma ;
end ;
end ;
end ;
```

Als Beispiel verwenden wir den Graphen aus Abb. 122.1 mit 18 Knoten und 28 einfachen bzw. 56 gerichteten Kanten. Dann lauten die notwendigen Angaben:

```
18
56
 1  5    1  6    2 10    2 18    3  4    3  8    3 11
 4  3    4  6    4  8    4 13    5  1    5  6    5  7
 5  9    6  1    6  4    6  5    6  7    6  9    7  5
 7  6    7  8    8  3    8  4    8  7    9  5    9  6
 9 13   10  2   10 11   10 15   11  3   11 10   11 12
12 11   12 14   12 16   13  4   13  9   13 14   13 16
14 12   14 13   14 15   15 10   15 14   15 18   16 12
16 13   16 17   17 16   17 18   18  2   18 15   18 17
 1  2
```

Dabei bedeuten die letzten beiden Angaben, daß wir einen Weg von Punkt 1 nach Punkt 2 suchen. Als Ergebnis erhalten wir sodann

2	18	15	14	13	9	5	1

Wie wir uns an Hand der Abb. 122.1 überzeugen, ist dies wirklich ein Weg mit dem gewünschten Anfangs- und Endpunkt.

Jetzt geben wir einen zweiten Algorithmus an, der Wege mit einer minimalen Anzahl von Zwischenpunkten, also kürzeste Wege im Sinne der Metrik $dij=1$, liefert. Wir halten uns an das am Beginn dieser Nummer besprochene Verfahren. Bei der Berechnung der r machen wir von (21.1) Gebrauch und verwenden die Formel

$$rj = \sum_{dkl \in B(P1, Pj)} dkl.$$

Das ist zwar umständlich, läßt sich aber später auf die Berechnung der kürzesten Wege in einer allgemeinen Metrik verallgemeinern. Aus dem gleichen Grund erklären wir einige Größen bereits hier als reell (im Sinne von ALGOL), obwohl sie im vorliegenden Fall noch ganz sind.

Algorithmus 2

Benützte Symbole

Variable:

n, z, i, j, ij, a, e wie bei Algorithmus 1
r Anzahl der Kanten der gerade betrachteten Wege.

Felder:

$k[ij, 1]$ und $k[ij, 2]$ wie bei Algorithmus 1
$k[ij, 3] = 1$ $(=dij)$
$p[i, 1]$ wie $p[i]$ bei Algorithmus 1
$p[i, 2]$ Anzahl der Kanten auf einem gefundenen Weg zwischen Pa und Pi.

Verlangt werden:

n, z, Feld k (zeilenweise wie in Algorithmus 1), a, e;

geliefert werden:

Punktnummern des Weges von e nach a in Spalte 1.
Anzahl der Kanten dieses Weges in Spalte 2, Zeile 1.

```
begin
comment algorithmus 2 ;
integer n, z, i, j, ij, r, a, e ;
read (n, z) ;
begin
real array k[1:z, 1:3], p[1:n, 1:2] ;
for ij:=1 step 1 until z do
read (k[ij, 1], k[ij, 2], k[ij, 3]) ;
read (a, e) ;
comment ende einlesen, anfangsbedingungen ;
for i:=1 step 1 until n do
begin
p[i, 1]:= -2 ;
p[i, 2]:= ₁₀6 ;
end ;
p[a, 2]:=0 ;
r:=0 ;
comment rechnung ;
alpha: for ij:=1 step 1 until z do
begin
i:=k[ij, 1] ;
if p[i, 2]=r then
begin
j:=k[ij, 2] ;
if p[j, 2]=₁₀6 then
begin
p[j, 1]:=i ;
p[j, 2]:=p[i, 2]+k[ij, 3] ;
if j=e then go to beta ;
end ;
end ;
end ;
r:=r+1 ;
go to alpha ;
beta: print(j, p[j, 2]) ;
print(i) ;
gamma: if i≠a then
begin
i:=p[i, 1] ;
print(i) ;
go to gamma ;
end ;
end ; end ;
```

Verwenden wir das gleiche Beispiel wie bei Algorithmus 1, dann lautet die Eingabe:

```
18 56
 1  5 1      1  6 1      2 10 1      2 18 1      3  4 1
 3  8 1      3 11 1      4  3 1      4  6 1      4  8 1
 4 13 1      5  1 1      5  6 1      5  7 1      5  9 1
 6  1 1      6  4 1      6  5 1      6  7 1      6  9 1
 7  5 1      7  6 1      7  8 1      8  3 1      8  4 1
 8  7 1      9  5 1      9  6 1      9 13 1     10  2 1
10 11 1     10 15 1     11  3 1     11 10 1     11 12 1
12 11 1     12 14 1     12 16 1     13  4 1     13  9 1
13 14 1     13 16 1     14 12 1     14 13 1     14 15 1
15 10 1     15 14 1     15 18 1     16 12 1     16 13 1
16 17 1     17 16 1     17 18 1     18  2 1     18 15 1
18 17 1
 1  2
```

und das Ergebnis

```
 2      6
10
11
 3
 4
 6
 1
```

Der Sechser in der zweiten Spalte zeigt dabei an, daß die Länge des gefundenen Weges sechs Kanten beträgt.

Wird die Ausgabe eines Gerüstes kürzester Wege von Pa gewünscht, dann darf die Rechnung nicht bei Erreichen eines bestimmten Punktes abgebrochen werden. Der Befehl in der 10. Zeile nach der Marke „Alpha" muß deshalb entfallen. Wir brauchen ein anderes Kriterium, wann die Rechnung abgebrochen werden darf. Zum Beispiel zählen wir eine Größe s, nämlich die Anzahl der bereits im Gerüst befindlichen Punkte, so lange hoch, bis wir die Zahl n erreicht haben.

Die Ausgabe muß ebenfalls entsprechend abgeändert werden. Außerdem wird bei der Eingabe die Angabe eines Endpunktes entbehrlich. Wir gelangen so zum

Algorithmus 3

Benützte Symbole

Variable:

n, z, i, j, ij, r, a wie oben.

s Anzahl der bereits von a erreichten Punkte.

Felder:

wie oben.

Die Eingabe stimmt für unser Beispiel mit Ausnahme der fehlenden letzten Zahl, die früher den Endpunkt des einen gesuchten Weges bezeichnete, mit der Eingabe bei Algorithmus 2 überein.

Verlangt werden also:

n, *z*, *k*, *a*;

geliefert werden:

Wege von *e* nach *a* (Spalte 1).

Anzahl der Kanten (Spalte 2, jeweils in der Zeile von *e*).

```
begin
comment algorithmus 3 ;
integer n, z, i, j, ij, r, s, a ;
read(n, z) ;
begin
real array k[1:z, 1:3], p[1:n, 1:2] ;
for ij:=1 step 1 until z do
read (k[ij, 1], k[ij, 2], k[ij, 3]) ;
read (a) ;
for i:=1 step 1 until n do
begin
p[i, 1]:= -2 ;
p[i, 2]:=₁₀6 ;
end ;
p[a, 2]:=0 ;
r:=0 ;
s:=1 ;
alpha: for ij:=1 step 1 until z do
begin
i:=k[ij, 1] ;
if p[i, 2]=r then
begin
j:=k[ij, 2] ;
if p[j, 2]=₁₀6 then
begin
p[j, 1]:=i ;
p[j, 2]:=p[i, 2]+k[ij, 3] ;
s:=s+1 ;
if s=n then go to beta ;
end ;
end ;
end ;
```

```
r:=r+1 ;
go to alpha ;
beta: for i:=1 step 1 until n do
begin
j:=i ;
print (j, p[j, 2]) ;
gamma: if j≠a then
begin
j:=p[j, 1] ;
print (j) ;
go to gamma ;
end ;
end ;
end ;
end ;
```

Die Ausgabe lautet für unser Beispiel:

1	0	7	2	12	5	16	4
		5		11		13	
2	6	1		3		4	
10				4		6	
11		8	3	6		1	
3		4		1			
4		6				17	5
6		1		13	3	16	
1				4		13	
		9	2	6		4	
3	3	5		1		6	
4		1				1	
6				14	4		
1		10	5	13		18	6
		11		4		15	
4	2	3		6		14	
6		4		1		13	
1		6				4	
		1		15	5	6	
5	1			14		1	
1		11	4	13			
		3		4			
6	1	4		6			
1		6		1			
		1					

Wieder stehen in der linken Spalte die Punktnummern. Ein neuer Weg beginnt stets nach Erreichen von Punkt 1. Bei jedem neuen Weg gibt die rechte Spalte die Länge, also die Anzahl seiner Kanten an.

Werden nur die Längen der Wege gewünscht, nicht die Wege selbst, dann sind die Befehle zwischen „gamma" und „go to gamma" (einschließlich) wegzulassen.

Alle Information der oben angeführten Ausgabe, die in der Beschreibung des Gerüsts der kürzesten Bahnen besteht, läßt sich etwas unübersichtlicher, aber sehr viel gedrängter, durch die folgende Tabelle wiedergeben:

–	1	0
10	2	6
4	3	3
6	4	2
1	5	1
1	6	1
5	7	2
4	8	3
5	9	2
11	10	5
3	11	4
11	12	5
4	13	3
13	14	4
14	15	5
13	16	4
16	17	5
15	18	6

Hier stehen in der mittleren Spalte die Punktnummern i von $1-18$. Die rechte Spalte enthält die Entfernung $L(1, i)$. Die linke Spalte enthält den Vorgänger von Pi im Gerüst, der als Feld $p[i, 1]$ im Algorithmus zur Verfügung steht. Wollen wir z.B. wieder $B(1, 2)$ untersuchen, dann stellen wir in Zeile 2 als $L(1, 2)$ die Zahl 6 fest. Der Vorgänger von $P2$ ist $P10$. In Zeile 10 finden wir als Vorgänger von $P10$ den Punkt $P11$, und so können wir die gesamte Bahn rasch rekonstruieren.

22 Der Algorithmus von Moore für kürzeste Wege

Wir formulieren den Algorithmus von Moore [45, 7, 14] gleich so, daß er kürzeste Bahnen in einem gerichteten bewerteten Graphen liefert, soweit diese überhaupt existieren. Der Algorithmus für kürzeste Wege in einem nicht gerichteten Graphen verläuft genau gleich, wenn wir statt jeder nicht gerichteten Kante Kij zwei gerichtete Kanten kij und kji betrachten.

Der Grundgedanke ist ähnlich wie in 21. Wir bauen, von einem Anfangspunkt Pa ausgehend, Bahnen zu anderen Punkten auf. Finden wir zu einem Punkt dabei zwei verschieden lange Bahnen, dann merken wir die kürzere vor. Nehmen wir an, von Pa nach Pi sei eine Bahn mit der Länge Lai gefunden und von Pi nach Pj existiere eine Kante mit der Länge dij, dann gibt es von Pa über Pi nach Pj eine Bahn mit der Länge $Laj = Lai + dij$. Ist diese Weglänge kleiner als die Länge der bereits gefundenen Wege von Pa nach Pj oder ist noch gar keine andere solche Bahn gefunden, dann merken wir die gerade gefundene Bahn samt ihrer Länge in einer Liste $p[j, .]$ vor. Damit werden in dieser Liste nach und nach immer kürzere Bahnen eingetragen. Wir müssen den Prozeß noch so führen, daß die kürzeste Bahn darunter ist. Wir tun dies so, daß wir die Endpunkte der bereits gefundenen Bahnen der Reihe nach durchgehen und im Punkt Pi sämtliche Kanten $dij1$, $dij2, \ldots$ ansetzen. Dadurch erhalten wir Bahnen von Pa nach $Pj1$, $Pj2, \ldots$. Beim ersten Durchgang durch die Endpunkte gelangen wir so zu allen Nachbarn von Pa. Wir erhalten somit alle von Pa ausgehenden kürzesten Bahnen, die aus einer einzigen Kante bestehen (und vielleicht noch einige mehr, da wir bei einigen Nachbarn von Pa im gleichen Durchgang unter Umständen weitere Kanten ansetzen). Spätestens beim zweiten Durchgang durch die Liste der Endpunkte gelangen wir zu allen Punkten, die Nachbarn der Nachbarn von a sind. Wir erhalten also alle von a ausgehenden Bahnen $B(Pa\ Pi1\ Pi2)$ mit zwei Kanten (und vielleicht noch einige mehr). Unter den Bahnen befinden sich insbesondere die kürzesten Bahnen, die von Pa ausgehen und zwei Kanten besitzen. Diese kürzesten Bahnen und vielleicht noch weitere Bahnen werden vorgemerkt. Beim 3. Durchgang durch die Liste der Endpunkte erhalten wir alle von Pa ausgehenden Bahnen $B(Pa\ Pi1\ Pi2\ Pi3)$ mit drei Kanten und der Eigenschaft, daß die Bahn von Pa nach $Pi2$ eine kürzeste Bahn ist (und vielleicht noch einige mehr). Unter diesen Bahnen befinden sich insbesondere die kürzesten Bahnen, die von a ausgehen und drei Kanten besitzen, da die kürzeste Bahn von Pa nach $Pi3$ die Eigenschaft besitzt, daß jedes Teilstück wieder kürzeste Bahn ist und daher das Teilstück von Pa nach $Pi2$ notwendig kürzeste Bahn sein muß.

So geht es weiter. Spätestens beim k-ten Schritt entstehen alle von Pa ausgehenden Bahnen $B(Pa\ Pi1\ Pi2 \ldots Pik-1\ Pik)$ mit k Kanten und der Eigenschaft, daß die Bahn von Pa nach $Pik-1$ kürzeste Bahn ist. Unter diesen Bahnen befinden sich insbesondere die kürzesten von Pa ausgehenden Bahnen mit k Kanten. Da eine kürzeste Bahn nur endlich viele Kanten besitzen kann, bricht der Algorithmus nach endlich vielen Schritten ab. Die maximale Kantenzahl, die eine Bahn enthält, ist aber im vorhinein nicht bekannt. Wir rechnen deshalb so lange weiter, bis ein voller Durchgang durch die Liste der Endpunkte keine Veränderungen mehr liefert. Dann können alle weiteren Durchgänge ebenfalls keine Veränderung mehr bringen, und wir sind am Ziel. Nun besitzen wir ein Gerüst von kürzesten Bahnen mit dem Anfangspunkt Pa und daher insbesondere eine kürzeste Bahn von Pa zu einem beliebigen Punkt Pe.

Damit gelangen wir zu folgendem

Algorithmus 4

Variable:

n, z, i, j, ij, a, e wie oben
s Hilfsvariable, die die Anzahl der Veränderungen beim Durchlauf durch eine Schleife zählt
d Hilfsgröße für den Abstand.

Felder:

k[*ij*, 1], *k*[*ij*, 2], *p*[*i*, 1] wie oben
k[*ij*, 3] Länge der Kante mit der Nr. *ij*
p[*i*, 2] Länge der Bahn von *a* nach *i*.

Verlangt werden:

n, z, k, a, e,

geliefert werden:

Punktnummern einer kürzesten Bahn *B*(*a*, *e*) in der Reihenfolge von *e* nach *a* in Spalte 1.
Weglänge in Spalte 2, Zeile 1

```
begin
comment algorithmus 4 ;
integer n, z, i, j, ij, s, a, e ;
real d ;
read (n, z) ;
begin
real array k[1:z, 1:3], p[1:n, 1:2] ;
for ij:=1 step 1 until z do
read (k[ij, 1], k[ij, 2], k[ij, 3]) ;
read (a, e) ;
for i:=1 step 1 until n do
   begin
   p[i, 1]:= -2 ;
   p[i, 2]:= ₁₀6 ; comment hier wird eine Konstante verlangt, die
   größer als die größte auftretende Bahnlänge ist;
   end ;
p[a, 2]:=0 ;
alpha: s:=0 ;
for ij:=1 step 1 until z do
begin
i:=k[ij, 1] ;
j:=k[ij, 2] ;
d:=p[i, 2]+k[ij, 3] ;
```

```
if p[j, 2] > d then
  begin
  p[j, 1] := i ;
  p[j, 2] := d ;
  s := s+1 ;
  end ;
  end ;
if s≠0 then go to alpha ;
print (e, p[e, 2]) ;
gamma: if e≠a then
  begin
  e := p[e, 1] ;
  print (e) ;
  go to gamma ;
  end ;
end ;
end ;
```

Die Eingabe lautet für unser Beispiel:

```
18
56
 1  5  3     1  6 11     2 10  8     2 18  6     3  4 23
 3  8 16     3 11 26     4  3 23     4  6  6     4  8  7
 4 13  6     5  1  3     5  6  7     5  7  6     5  9  8
 6  1 11     6  4  6     6  5  7     6  7  6     6  9 15
 7  5  6     7  6  6     7  8 10     8  3 16     8  4  7
 8  7 10     9  5  8     9  6 15     9 13  7    10  2  8
10 11  3    10 15 23    11  3 26    11 10  3    11 12 30
12 11 30    12 14  7    12 16  8    13  4  6    13  9  7
13 14  5    13 16 21    14 12  7    14 13  5    14 15  8
15 10 23    15 14  8    15 18  7    16 12  8    16 13 21
16 17 11    17 16 11    17 18  3    18  2  6    18 15  7
18 17  3
 1  2
```

Das Ergebnis lautet:

```
 2   44
18
15
14
13
 9
 5
 1
```

Die Kontrolle, ob sich beim Durchlauf durch die Kantenliste Veränderungen ergeben haben und daher die Rechnung fortgesetzt werden muß, wird entbehrlich, wenn wir folgendes beachten: Wir durchsuchen die Liste, beginnend bei $ij=1$. Sobald wir durch Ansetzen eine neue Bahn zum Punkt Pj gefunden haben, wird diese Bahn Anlaß zur Veränderung aller der Bahnen geben, die durch Verlängerung der gefundenen Bahn über Pj hinaus entstehen. Es würde also ausreichen, der Reihe nach die Bahnen zu den Nachbarn solcher Punkte Pj zu untersuchen. Finden wir dabei neue optimale Wege, sind wieder die Nachbarn der Endpunkte zu untersuchen usw. Dies würde eine komplizierte Buchhaltung erfordern, die viel Speicherraum verbraucht. Eine einfachere, aber gröbere Möglichkeit besteht darin, jeweils nur den Endpunkt mit niedrigstem Index vorzumerken, der noch untersucht werden muß, und dann alle Punkte von diesem Index an zu betrachten. Interessierende Punkte sind dann notwendig darunter. Die Vorschrift läßt sich in folgender Weise formalisieren: Wir suchen die Kantenliste beginnend mit $ij=1$ durch. Wenn wir einen neuen Weg finden, stellen wir fest, ob für seine Endkante kij $i<j$ oder $i>j$ gilt. Im ersten Fall finden sich die Kanten mit dem Anfangspunkt Pj in der Liste erst hinter jener Stelle, bei der wir gerade halten, und wir können zur Kante mit der Nummer $ij+1$ übergehen. Im zweiten Fall dagegen müssen wir in der Kantenliste bis zu jenen Kanten zurückspringen, die Pj als Anfangspunkt besitzen. Da dieser letzte Schritt jedoch das Aufsuchen jener Zeile $\alpha\beta$ in der Kantenliste erfordert, für die $k[\alpha\beta, 1]=j$ wird, ist das Verfahren beim von uns geplanten Aufbau der Kantenliste umständlich, und wir verzichten auf seine explizite Formulierung.

Bezüglich weiterer Modifikationen des Algorithmus von Moore siehe [1, 2].

23 Das Verfahren von Dijkstra

Der Algorithmus von Moore hatte sich vom Algorithmus für Wege aus einem Labyrinth in einem wesentlichen Punkt unterschieden. Während bei diesem eine einmal gefundene Bahn endgültig war und nicht mehr abgeändert wurde, konnte bei jenem eine gefundene Bahn später durch eine kürzere ersetzt werden. Daher stand auch nicht von vornherein fest, wie viele Schritte der Algorithmus von Moore benötigen würde. Im Gegensatz dazu liefert das Verfahren von Dijkstra bei jedem Schritt eine kürzeste Bahn, nach n Schritten also ein Gerüst. Die n kürzesten Bahnen werden dabei geordnet nach steigender Länge gefunden. Ist nur die Bahn $B(a, e)$ gesucht, kann die Suche daher im Mittel bereits nach $n/2$ Schritten beendet werden.

Das Verfahren verläuft folgendermaßen [17]: In den ersten $k-1$ Schritten sollen bereits die kürzesten Bahnen zu $k-1$ Punkten gefunden sein, und zwar jene $k-1$ von den insgesamt n Bahnen, die die geringsten Längen aufweisen. Nun teilen wir die Menge aller Knoten in drei disjunkte Untermengen $Rk-1$, $Sk-1$ und $Tk-1$ auf. In $Rk-1$ liegen alle Punkte, zu denen bereits die kürzesten Bahnen bekannt sind. $Sk-1$ enthält jene Punkte, die Nachbarn der Punkte in $Rk-1$ sind, aber nicht selbst zu $Rk-1$ gehören. Zu $Tk-1$ gehören die restlichen Punkte. Im k-ten Schritt werden alle Bahnen betrachtet, die durch Verlängerung der bereits bekannten Bahnen (zu Punkten von $Rk-1$) um eine Kante zu Punkten von $Sk-1$ entstehen. Unter diesen Bahnen wird jene mit der geringsten Länge ausgewählt (kommen mehrere Bahnen gleicher Länge vor, dann erfolgt die Auswahl willkürlich). Sie ist, wie wir unten zeigen werden, kürzeste Bahn, und alle Bahnen, die wir später finden werden, sind notwendig länger. Sie wird daher in die Liste der kürzesten Bahnen eingetragen. Ihr Endpunkt Ps wird nun mit der Menge $Rk-1$ vereinigt, das ergibt die Menge Rk. Wir brauchen also R nicht jedesmal neu zu berechnen, sondern nur um den Punkt Ps zu ergänzen. Ähnliches gilt für Sk: Aus der Menge $Sk-1$ wird der Punkt Ps entfernt, dagegen werden die Nachbarn von Ps, soweit sie noch nicht in $Rk-1$ sind, hinzugefügt. Alle übrigen Punkte von $Sk-1$ verbleiben unverändert in Sk. Befand sich ein Nachbar von Ps schon in $Sk-1$, dann stehen uns für den $(k+1)$-ten Schritt zwei Bahnen zur Verfügung, die zu diesem Punkt führen: Jene, welche bereits im k-ten Schritt betrachtet wurde, und die, die über Ps führt. In diesem Fall müssen wir noch feststellen, ob die vorher gefundene Bahn oder die neu gefundene über Ps führende Bahn kürzer ist. Je nachdem, ob dies der Fall ist oder nicht, wird als Vorgänger dieses Punktes der bereits vermerkte Vorgänger belassen oder Ps als neuer Vorgänger eingetragen.

Nach dem k-ten Schritt folgt der $k+1$-te Schritt in genau derselben Weise. Nach längstens n Schritten sind alle Punkte erreicht, und das Verfahren ist beendet.

Zu beweisen ist die Behauptung, daß die im k-ten Schritt gefundene Bahn mit der Länge $L(a, s)$ wirklich kürzeste Bahn ist und der Beziehung

$$(23.1) \qquad L(a,i) \leqq L(a,j) \qquad \forall Pi \in Rk \text{ und } \forall Pj \in Sk \cup Tk$$

genügt. Wir bezeichnen die kürzeste Bahn von Pa nach Ps mit $B(a, s)$, irgendeine nicht notwendig kürzeste Bahn von Pa nach Ps mit $B'(a, s)$, die Längen dieser Bahnen mit $L(a, s)$ bzw. $L'(a, s)$ und führen den Beweis durch Induktion.

Für $k=1$ gilt die Behauptung: Vor dem 1. Schritt besteht die Menge $R=R0$ aus Pa, die Menge $S=S0$ aus den Nachbarn von Pa, und die Menge $T=T0$ aus den restlichen Punkten. Im 1. Schritt wird die kürzeste Kante $k1s$ gewählt. Jede andere Bahn nach Ps muß mindestens eine

Kante $k1\alpha \geqq k1s$ enthalten und kann daher nicht kürzer sein. Die Bahn, die aus $k1s$ und ihren Endpunkten besteht, ist also kürzeste Bahn $B(1, s)$.

Genauso enthält jede Bahn nach einem anderen Punkt $Pj \neq P1$ mindestens eine Kante $k1\beta \geqq k1s$ und kann nicht kürzer als $L(1, s)$ sein, was die Ungleichung (23.1) beweist.

Nun schließen wir von $k-1$ auf k: Im $(k-1)$-ten Schritt haben wir Mengen $Rk-1$, $Sk-1$ und $Tk-1$ gefunden. In $Rk-1$ liegen die Endpunkte der kürzesten Bahnen, die wir bereits kennen, und die der Beziehung

$$(23.2) \qquad L(a,i) \leqq L(a,j) \qquad \forall Pi \in Rk-1 \wedge \forall Pj \in Sk-1 \cup Tk-1$$

genügen. Im k-ten Schritt betrachten wir alle Bahnen, deren vorletzter Punkt in $Rk-1$ und deren letzter Punkt in $Sk-1$ liegt. Unter ihnen wählen wir die kürzeste $B'(a, s)$ mit der Länge $L'(a, s)$ aus. Für sie gilt nach (23.2)

$$(23.3) \qquad L(a,i) \leqq L'(a,s) \qquad \forall Pi \in Rk-1 .$$

Wir behaupten weiter, daß wir in $B'(a, s)$ gleichzeitig eine kürzeste Bahn $B(a, s)$ von Pa nach Ps gefunden haben, daß also $L'(a, s) = L(a, s)$ gilt, und führen den Beweis indirekt: Wenn $B'(a, s)$ nicht kürzeste Bahn wäre, dann hätten wir $L(a, s) < L'(a, s)$. Wegen $Pa \in Rk-1$ und $Ps \in Sk-1$ gibt es auf $B(a, s)$ einen Punkt $Pi \in Rk-1$ mit der Eigenschaft, daß sein Nachfolger Pj in $Sk-1$ liegt. Dann hätten wir $L(a, s) \geqq L'(a, j) \geqq L'(a, s)$, was den gesuchten Widerspruch liefert. Genauso finden wir, daß jede andere Bahn nach einem Punkt $P\omega$ in $Sk-1$ oder $Tk-1$ mindestens so lange wie B' sein muß: Sie muß wieder einen Punkt $Pi \in Rk-1$ besitzen, dessen Nachfolger in $Sk-1$ liegt; daher gilt auch für sie

$$(23.4) \qquad L'(a,s) \leqq L'(a,j) \leqq L(a,\omega).$$

Wenn wir also zu guter Letzt $Rk = Rk-1 \cup \{Ps\}$ nehmen und die zugehörigen Mengen Sk und Tk bestimmen, dann kennen wir wieder alle kürzesten Bahnen nach Punkten von Rk und entnehmen (23.3 und 4)

$$L(a,i) \leqq L(a,s) \leqq L(a,j) \qquad \forall Pi \in Rk-1 \wedge \\ \forall Pj \in Sk-1 \cup Tk-1-\{Ps\} = Sk \cup Tk .$$

Das ist aber (23.2) mit k anstelle von $k-1$. Damit ist der k-te Schritt abgeschlossen, und wir sehen überdies aus der letzten Gleichung, daß das Verfahren von Dijkstra die kürzesten Bahnen geordnet nach steigender Länge liefert.

Die Beschreibung des Verfahrens von Dijkstra wird in rechenfähiger Form durch

Algorithmus 5

gegeben.

Variable:

n, i, j, a, e	wie früher
h	Maximalzahl der Kanten, die von einem Knoten aus laufen
$a1$	laufender Anfangspunkt einer betrachteten Strecke
$e1$	laufender Endpunkt einer betrachteten Strecke
d	Hilfsgröße für den Abstand.

Felder:

$k[i, j, 1]$	Nr. des Endpunkts der j-ten Strecke mit dem Anfangspunkt i
$k[i, j, 2]$	Länge dieser Strecke (falls von einem Punkt i weniger als h Strecken ausgehen, sind einige $k[i, j, 1]=0$, die entsprechenden $k[i, j, 2]=\infty$ zu setzen)
$p[i, 1], p[i, 2]$	wie oben
$p[i, 3]$	Kategorie des Endpunktes:

$$p[i, 3]=1 \equiv Pi \in R,$$

$$p[i, 3]=2 \equiv Pi \in S,$$

$$p[i, 3]=3 \equiv Pi \in T.$$

Verlangt werden:

n, h, k, a, e

geliefert werden:

$B(a, e), L(a, e)$

```
begin
comment algorithmus 5 ;
integer n, i, j, h, a, e, a1, e1 ;
real d ;
read (n, h) ;
begin
real array k[1:n, 1:h, 1:2], p[0:n, 1:3] ;
for i:=1 step 1 until n do
```

```
for j:=1 step 1 until h do
read (k[i,j,1], k[i,j,2]) ;
read (a, e) ;
for i:=1 step 1 until n do
  begin
  p[i,2]:=₁₀6 ;
  p[i,3]:=3 ;
  end ;
p[0,2]:=0 ;
p[a,2]:=0 ;
p[a,3]:=1 ;
a1:=a ;

alpha: for j:=1 step 1 until h do
  begin
  e1:=k[a1,j,1] ;
  d:=p[a1,2]+k[a1,j,2] ;
  if d<p[e1,2] then
    begin
    p[e1,3]:=2 ;
    p[e1,2]:=d ;
    p[e1,1]:=a1 ;
    end ;
  end ;
d:=₁₀6 ;
for i:=1 step 1 until n do
if p[i,3]=2 ∧ p[i,2]<d then
  begin
  d:=p[i,2] ;
  a1:=i ;
  end ;
p[a1,3]:=1 ;
if a1=e then go to beta else go to alpha ;

beta:print (e, p[e,2]) ;

gamma: if e≠a then
  begin
  e:=p[e,1] ;
  print (e) ;
  go to gamma ;
  end ;
end ;
end ;
```

Die Eingabe für unser Beispiel lautet:

18														
5														
5	3	6	11	0	10^6	0	10^6	0	10^6	10	8	18	6	0
10^6	0	10^6	0	10^6	4	23	8	16	11	26	0	10^6	0	10^6
3	23	6	6	8	7	13	6	0	10^6	1	3	6	7	7
6	9	8	0	10^6	1	11	4	6	5	7	7	6	9	15
5	6	6	6	8	10	0	10^6	0	10^6	3	16	4	7	7
10	0	10^6	0	10^6	5	8	6	15	13	7	0	10^6	0	10^6
2	8	11	3	15	23	0	10^6	0	10^6	3	26	10	3	12
30	0	10^6	0	10^6	11	30	14	7	16	8	0	10^6	0	10^6
4	6	9	7	14	5	16	21	0	10^6	12	7	13	5	15
8	0	10^6	0	10^6	10	23	14	8	18	7	0	10^6	0	10^6
12	8	13	21	17	11	0	10^6	0	10^6	16	11	18	3	0
10^6	0	10^6	0	10^6	2	6	15	7	17	3	0	10^6	0	10^6
1	2													

Die Ergebnisse lauten sodann:

2	44
18	
15	
14	
13	
9	
5	
1	

Meine persönliche Erfahrung geht dahin, daß das Verfahren von Dijkstra dem Verfahren von Moore bei Handrechnung überlegen ist. Die Vorteile bestehen darin, daß einmal gemachte Eintragungen in der Liste der kürzesten Bahnen nicht mehr korrigiert werden müssen und daß jede Kante nur ein einziges Mal betrachtet zu werden braucht. Bei Rechnung auf Ziffernrechenautomaten ist das Verfahren von Dijkstra dann vorzuziehen, wenn nur *eine* kürzeste Bahn berechnet werden muß und ihre Länge, verglichen mit den Längen der anderen Bahnen, nicht zu groß ist: Sobald der Endpunkt in der Menge R ist, kann die Rechnung abgebrochen werden. Für das Gerüst der kürzesten Bahnen erhielt ich dagegen mit dem Verfahren von Moore die kürzesten Rechenzeiten. Es dürfte dies daran liegen, daß beim Verfahren von Dijkstra in jedem Schritt festgestellt werden muß, welche unter allen Bahnen nach Punkten von S die kürzeste ist, eine Aufgabe, die ein menschlicher Rechner rasch löst, während sie auf einem Rechenautomaten relativ viel Zeit erfordert. Es mag aber auch daran liegen, daß Algorithmus 5 nicht die zweckmäßigste Möglichkeit ist, das Verfahren auszuführen. Vielleicht sollte die Kategorie jedes Punktes nicht in der Liste $p[i, 3]$ evident gehalten werden, sondern über die Menge S eine eigene Buchhaltung erfolgen. Da die Menge S stets nur aus einem geringen Teil aller Knoten besteht, wäre dann das Aussortieren der Bahnen kürzester Länge zu einem Punkt von S rascher möglich.

24 Zeitverluste durch Abbiegen oder Umsteigen

Bisher haben wir angenommen, daß die Weglängen nur von den durchlaufenen Kanten abhängen und daß dabei alle Knoten ohne Zeitverlust passiert werden. Dieses Modell verallgemeinern wir nun dahingehend, daß wir Verweilzeiten in den Knoten berücksichtigen [13]. Dabei sollen diese Verweilzeiten noch davon abhängen können, auf welcher Kante wir den Knoten erreichen bzw. verlassen. Eine solche Annahme ist zum Beispiel gerechtfertigt, wenn Linksabbieger wegen starkem Gegenverkehr länger warten müssen als geradeaus fahrende Verkehrsteilnehmer, oder wenn den Benützern eines öffentlichen Verkehrsmittels in einer Richtung eine direkte Fahrgelegenheit zur Verfügung steht, während sie in einer anderen Richtung zum Umsteigen gezwungen sind (auf die Verhältnisse am Anfangs- und Endpunkt der Fahrt werden wir unten noch zurückkommen).

Diese verallgemeinerte Aufgabenstellung läßt sich auf das bereits gelöste Problem der Bestimmung kürzester Bahnen zurückführen. Dazu gehen wir in folgender Weise vor: Gegeben ist wieder ein Graph G mit den Knoten $Pi, i=1(1)n$, und den Kanten kij mit den Bewertungen $dij, ij=1(1)z$. Ferner soll in jedem Knoten Pj der Zeitverlust $tijl$ bekannt sein, der entsteht, wenn wir den Knoten längs der Kante kij erreichen und längs der Kante kjl verlassen. Gesucht sind die kürzesten Bahnen unter Berücksichtigung dieser Zeitverluste. Dazu ordnen wir dem Graphen G einen Graphen G^* zu, und zwar so, daß jeder Bahn $B \subset G$ eine Bahn $B^* \subset G^*$ entspricht. Die Länge von B, vermehrt um die Zeitverluste in den Knoten von G, soll gleich der Länge von B^* (ohne Berücksichtigung irgendwelcher Zeitverluste in den Knoten von G^*) sein. Dann entsprechen sich die kürzesten Bahnen in G unter Berücksichtigung der Zeitverluste in den Knoten und die kürzesten Bahnen in G^* ohne Berücksichtigung solcher Zeitverluste. Die kürzesten Bahnen in G^* erhalten wir durch den Algorithmus von Moore. Sind die Bahnen B^* bekannt, brauchen wir nur die entsprechenden Bahnen $B \subset G$ aufzusuchen, und die Aufgabe ist gelöst. Die Konstruktion von G^* beschreiben wir mit Hilfe der Tabelle 24.1, in der links die Größen von G und rechts die entsprechenden Größen von G^* zu finden sind.

Die Knoten P^* von G^* entsprechen also eineindeutig den Kanten k von G. Für ihre Anzahl n^* haben wir daher die Beziehung $n^*=z$. Den Kanten k^* von G^* entsprechen eineindeutig die gerichteten Kantenfolgen von G, die aus genau zwei Kanten bestehen. Die Kante $\overset{*}{kijl}$ „verbindet" dabei die Punkte $\overset{*}{Pij}$, $\overset{*}{Pjl}$. Die Kantenlänge $\overset{*}{dijl}$ errechnet sich aus der Verweilzeit im mittleren Knoten der entsprechenden Kantenfolge von G, vermehrt um die Länge der zweiten Kante der Folge.

Tabelle 24.1

G	G^*
kij	$\overset{*}{Pij}$
$kij \cup kjl$	$\overset{*}{kijl}$
$tijl+djl$	$\overset{*}{dijl}$

Der so konstruierte Graph G^* besitzt die gewünschte Eigenschaft. Zum Beispiel entspricht einer Bahn

$$kai \cup kij \cup kjl \cup kle \subset G$$

die Bahn

$$\overset{*}{kaij} \cup \overset{*}{kijl} \cup \overset{*}{kjle} \subset G^*.$$

Für die Länge von B^* erhalten wir unter Berücksichtigung von Tabelle 24.1

$$L^*(a,e) = \overset{*}{daij} + \overset{*}{dijl} + \overset{*}{djle}$$
$$= taij + dij + tijl + djl + tjle + dle.$$

Dies ist aber die Länge einer Bahn aus G unter Berücksichtigung der Verweilzeiten in den Knoten. Und zwar handelt es sich um eine Bahn, die unmittelbar vor Pi aus Richtung der Kante kai beginnt und unmittelbar vor Pe endet. Dies ergibt ein durchaus brauchbares Modell, da die Verkehrsplaner oft auf dem Standpunkt stehen, daß bei einem Modell für den individuellen Verkehr die Fahrten Anfang und Ende nicht in den Knoten, sondern in den Kanten finden sollen: Geparkt wird vor und nach der Fahrt nicht auf Kreuzungen, sondern in Straßenzügen.

25 k-kürzeste Wege (Alternativrouten)

Verkehrsingenieure, die die Belastung von Straßennetzen berechnen wollten, gingen von der Annahme aus, daß jeder Fahrer einen für ihn optimalen Weg auswähle. Als Kriterium für die Auswahl wurden meist

Wege kürzester Fahrzeit verwendet, oft wurde auch eine Mischung von Fahrzeit und Weglänge benutzt, bei der die Fahrzeit mit großem, die Weglänge mit kleinerem Gewicht einging. Die Aufgabe, solche Wege zu finden, konnte mit den bisher beschriebenen Algorithmen gelöst werden.

Nun zeigt aber die Erfahrung, daß von hundert Fahrern mit gleichem Start und Ziel nicht alle die gleiche Route wählen. Die Verkehrsingenieure versuchten daher eine Anpassung ihrer Modellvorstellungen an die Wirklichkeit, indem sie unterstellten, daß die kürzesten, zweitkürzesten, drittkürzesten usw. Wege von einer vorgegebenen Prozentzahl

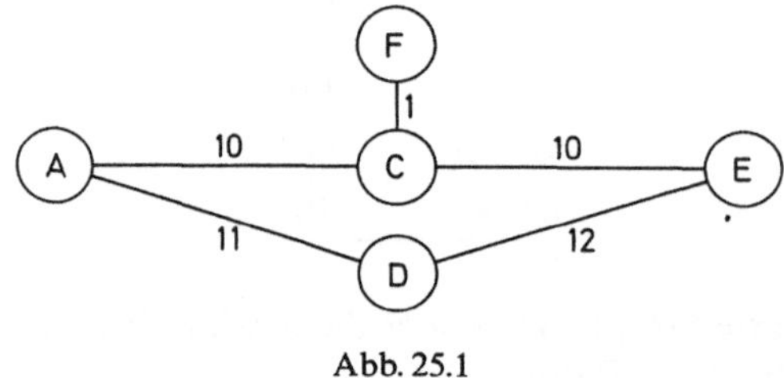

Abb. 25.1

von Fahrern benutzt werden, wobei die Prozentzahlen noch vom Verhältnis der Weglängen abhängen können, bei steigender Weglänge aber jedenfalls abnehmen.

Dies führt auf das Problem, den k-kürzesten Weg für $k=1, 2, 3 \ldots$ zu berechnen. Für $k=1$ leistet z.B. der Algorithmus von Moore das Gewünschte. Für höhere k stehen wir vor folgendem Dilemma: Der Algorithmus von Moore läßt sich auf höhere k verallgemeinern, wie wir dies unten angeben werden. Wie wir schon in 21 bemerkt haben, liefert dieser Algorithmus aber Kantenfolgen und keine Wege. Da nach (121.3) die kürzesten Kantenfolgen gleichzeitig Wege sind, konnten wir den Algorithmus von Moore im Fall $k=1$ verwenden. Bereits im Fall $k=2$ kann ein Algorithmus, der Kantenfolgen liefert, zu folgendem Ergebnis führen (Abb. 25.1): Als kürzeste Kantenfolge von A nach E liefert er ACE mit der Länge 20. Diese Kantenfolge ist gleichzeitig kürzester Weg. Als zweitkürzeste Kantenfolge kommt $ACFCE$ mit der Länge 22. Diese Kantenfolge ist kein Weg. Kein Verkehrsteilnehmer wird sie benützen, da niemand den Umweg CFC fährt, um von A nach E zu gelangen. Erst die drittkürzeste Kantenfolge ADE mit der Länge 23 liefert gleichzeitig den zweitkürzesten Weg.

Das heißt, daß ein Algorithmus für die m-kürzesten Kantenfolgen auch die k-kürzesten Wege liefert, da diese unter den Kantenfolgen enthalten sind. Wir müssen aber, um etwa den erst-, zweit- und drittkürzesten Weg zu erhalten, unter Umständen eine große Anzahl von Kantenfolgen berechnen und wieder ausscheiden, weil sie nicht schleifenfrei und daher keine Wege sind. Noch dazu können wir die Anzahl der notwendigen Kantenfolgen nicht im vorhinein angeben, was die praktische Verwendbarkeit eines solchen Algorithmus sehr einschränkt. Wenn wir den Algorithmus trotzdem anführen, so deshalb, weil alle bisher bekannt gewordenen Algorithmen, die direkt kürzeste Wege liefern, mit großem Rechen- und Speicheraufwand verbunden sind und daher wenig Verwendung gefunden haben [11, 35, 48, 41, 47].

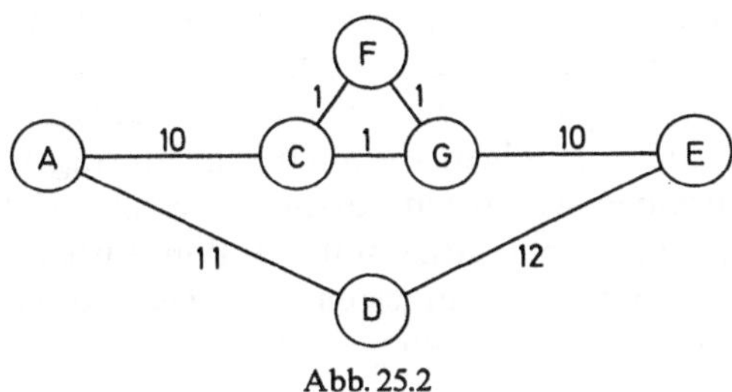

Abb. 25.2

Dazu kommt noch der Umstand, daß die k-kürzesten Wege auch für die Verkehrsingenieure kaum das Erhoffte leisten werden. Betrachten wir in leichter Abänderung von Abb. 25.1 das Netz Abb. 25.2.

Der kürzeste Weg von A nach E ist $ACGE$ mit der Länge 21.

Der zweitkürzeste Weg ist $ACFGE$ mit der Länge 22.

Der drittkürzeste Weg ist ADE mit der Länge 23.

Es ist aber kaum anzunehmen, daß Verkehrsteilnehmer den zweitkürzesten Weg benützen werden, da sich der gesamte Umweg gegenüber dem kürzesten Weg auf das kurze Wegstück CG konzentriert und daher für jeden Verkehrsteilnehmer leicht erkennbar wird, während der größere Umweg über D vielleicht nicht so bald als solcher erkannt wird. Will man also hier vermeiden, zu unzutreffenden Modellvorstellungen zu gelangen, dann muß man nicht nur die Wege in ihrer Gesamtheit, sondern auch alle ihre Teilstücke betrachten und zusehen, daß auch diese Teilstücke nicht zu große Umwege liefern. Dies erfordert aber umfangreichen Rechenaufwand, der sich bei den geringen Informationen, die wir zur Zeit über die Fahrgewohnheiten der Verkehrsteilnehmer besitzen, nicht lohnt. Im nächsten Abschnitt werden wir versuchen, durch neue Überlegungen zur Lösung des Problems beizutragen. Hier wollen wir uns weiter mit dem Problem der m-kürzesten Kantenfolge auseinandersetzen. Dabei bezeichnen wir m auch als *Ordnung* der Kantenfolge.

Wollen wir m-kürzeste Kantenfolgen für $m=1(1)\,m1$ von Pa nach Pe berechnen, so benützen wir eine Verallgemeinerung des Algorithmus 4, die meines Wissens neu und den bisherigen Verfahren vor allem bezüglich der Rechenzeit überlegen ist, da die Rechenzeit nur proportional zur höchsten verlangten Ordnung ansteigt. Bei Algorithmus 4 wird eine Kantenfolge von Pa zu irgend einem Punkt Pi gebildet. Dann wird ihre Länge ermittelt, und schließlich wird festgestellt, ob in der Punktliste bereits ein kürzerer oder gleichlanger Weg von Pa nach Pi eingetragen ist. Ist dies der Fall, dann wird die neu gefundene Kantenfolge als zu lang verworfen. Dies ändern wir nun dahingehend ab, daß wir mit Hilfe solcher Kantenfolgen eine zweite Punktliste anlegen, die zur Ermittlung von Kantenfolgen bestimmt ist, welche sicher nicht kürzeste Wege sind, möglicherweise aber als zweitkürzeste Kantenfolgen in Frage kommen. Kantenfolgen, die auch zum Eintragen in dieser Liste zu lang sind, schreiben wir in eine dritte Liste und so fort. Auf diese Weise führen wir statt einer insgesamt $m1$ Punktlisten, aus denen wir schließlich die kürzesten, zweitkürzesten, ..., $m1$-kürzesten Kantenfolgen erhalten. Dies liefert insgesamt den

Algorithmus 6

Verwendete Bezeichnungen:

n Anzahl der Knoten
z Anzahl der (gerichteten) Kanten
$i, j=1, 2, \ldots, n$ laufende Indizes der Knoten
r Hilfsindex
$ij=1, 2, \ldots, z$ laufender Index der Kanten
a Nummer des Anfangspunktes
e Nummer des Endpunktes
s Hilfsvariable, die die Anzahl der Veränderungen beim Durchlauf durch eine Schleife zählt
d Hilfsgröße für den Abstand
$m1$ höchste gewünschte Ordnung
m laufender Index für die Ordnung
$m2, m3$ Hilfsindizes für die Ordnung
$k[ij, 1]$ Nummer des Anfangspunktes der Kante mit der Nummer ij
$k[ij, 2]$ Nummer des Endpunktes der Kante mit der Nummer ij
$k[ij, 3]$ Länge der Kante mit der Nummer ij.

Das Feld p bauen wir völlig anders auf als bisher: $p=p[1:m1, 1:n, -1:n]$. Es bedeuten:

$p[m, i, -1]$ für $m=1(1)\,m1$, $i=1(1)\,n$ Länge der m-kürzesten Kantenfolge von Pa nach Pi

$p[m,i,0]$ für $m=1(1)\,m1$, $i=1(1)\,n$ Anzahl der Punkte in dieser Kantenfolge

$p[m,i,r]$ für $m=1(1)\,m1$, $i=1(1)\,n$ und $r=1(1)\,p[m,i,0]$ Punktnummern der Kantenfolge in der richtigen Reihenfolge von Pi nach Pa. Es gilt also insbesondere $p[m,i,1]=i$ und $p[m,i,p[m,i,0]]=a$.

Die **boolean procedure** *ungl* stellt sicher, daß eine neu gefundene Kantenfolge nur dann im Feld p eingetragen wird, wenn sie dort nicht schon vorhanden ist. $ungl(m2,j,m,i)$ ist **wahr**, wenn die $m2$-kürzeste Kantenfolge von Pa nach Pj von der m-kürzesten Kantenfolge von Pa nach Pi, vermehrt um die Kante kij, verschieden ist.

Verlangt werden:

$n, z, m1, k, a, e$;

geliefert werden:

m, $lm(Pa, Pe)$ = Länge der m-kürzesten Kantenfolge von Pa nach Pe, Punktnummern der Kantenfolge in der Reihenfolge von Pe nach Pa.

Das Programm lautet:

```
begin comment algorithmus 6 ;
integer n, z, i, j, ij, m, m1, a, e, r, m2, m3, s ;
real d ;
read (n, z, m1) ;
begin
array k[1:z, 1:3], p[1:m1, 1:n, -1:n] ;
boolean procedure ungl(m2, j, m, i) ;
integer m2, j, m, i ;
begin integer r ; ungl:=false ;
if p[m2, j, 0]≠p[m, i, 0]+1 then
begin
ungl:=true ;
goto ende ;
end ;
for r:=1 step 1 until p[m, i, 0] do
if p[m, i, r]≠p[m2, j, r+1] then
begin
ungl:=true ;
goto ende ;
end ;
ende: end ungl ;
```

```
for ij:=1 step 1 until z do
read (k[ij, 1], k[ij, 2], k[ij, 3]) ;
read (a, e) ;
for m:=1 step 1 until m1 do
for i:=1 step 1 until n do
begin
p[m, i, -1]:=_{10}6 ;
p[m, i, 0]:=0 ;
p[m, i, 1]:=i ;
end ;
p[1, a, 0]:=1 ;
p[1, a, -1]:=0 ;
m:=1 ;
a2: s:=0 ; for ij:=1 step 1 until z do
begin
i:=k[ij, 1] ; j:=k[ij, 2] ;
if p[m, i, 0]>0 then
begin
d:=p[m, i, -1]+k[ij, 3] ;
m2:=m;
a3: if ungl(m2, j, m, i) then begin if d<p[m2, j, -1]
then begin for m3:=m1 step -1 until m2+1 do
for r:= -1 step 1 until p[m3-1, j, 0] do
p[m3, j, r]:=p[m3-1, j, r] ;
p[m2, j, -1]:=d ; p[m2, j, 0]:=p[m, i, 0]+1 ;
for r:=1 step 1 until p[m, i, 0] do
p[m2, j, r+1]:=p[m, i, r] ;
s:=s+1 ;
end else
begin
m2:=m2+1 ;
if m2≦m1 then goto a3 ;
end ;
end ;
end ; end ;
if s+0 then goto a2 ;
print (m) ;
print (p[m, e, -1]) ;
for r:=1 step 1 until p[m, e, 0] do
print (p[m, e, r]) ;
m:=m+1 ;
if m≦m1 then goto a2 ;
end ; end ;
```

Mit den gleichen Angaben wie für Algorithmus 4 und der höchsten gewünschten Ordnung $m1 := 10$ erhalten wir die Ergebnisse:

Ordnung	Länge	Kantenfolge	Ordnung	Länge	Kantenfolge
1	44	2 18 15 14 13 9 5 1	6	53	2 18 15 14 13 4 6 7 5 1
2	48	2 18 15 14 13 4 6 5 1	7	54	2 18 17 18 15 14 13 4 6 5 1
3	49	2 18 15 14 13 4 6 1	8	54	2 18 15 14 13 14 13 9 5 1
4	50	2 18 17 18 15 14 13 9 5 1	9	54	2 18 15 14 13 4 6 5 1 5 1
5	50	2 18 15 14 13 9 5 1 5 1	10	55	2 18 17 18 15 14 13 4 6 1

Wenn es mehrere gleichlange Kantenfolgen gibt, dann werden sie von unserem Programm richtig geliefert (siehe die Kantenfolgen 4, 5 bzw. 7, 8, 9). Wir stellen nachträglich fest, daß unter den 10 kürzesten Kantenfolgen von $P1$ nach $P2$ nur vier Wege sind, nämlich die Kantenfolgen 1, 2, 3 und 6. Wir haben also nur die kürzesten Wege bis zur Ordnung 4 erhalten. Dieses Ergebnis könnte Verkehrsingenieure aber insofern doch befriedigen, als wir nun wissen, daß der fünftkürzeste Weg mindestens die Länge 55 besitzen und daher mindestens um 25% länger sein muß als der kürzeste Weg. Nun ziehen die Verkehrsplaner *k*-kürzeste Wege ohnehin nur dann in Betracht, wenn sie die Länge des kürzesten Weges um nicht mehr als 10 bis 15% überschreiten. Denn die Erfahrung lehrt, daß die Verkehrsteilnehmer Umwege von mehr als 10% auf jeden Fall erkennen und daher nicht mehr benützen. Deshalb hätten wir in unserem Fall mit Sicherheit alle Wege zwischen $P1$ und $P2$ gefunden, die überhaupt in Frage kommen, und könnten die Rechnung abbrechen.

Natürlich ergibt sich die Frage, ob sich Algorithmus 6 nicht so ausbauen läßt, daß er unmittelbar Wege liefert. Die Antwort ist, daß dies nicht leicht zu sein scheint. Zwar kann man durch eine einfache Kontrolle verhindern, daß beim Ansetzen einer neuen Kante als Endpunkt der Kantenfolge ein Punkt auftritt, der bereits im Inneren enthalten war, und so statt Kantenfolgen Wege bekommen. Aber es handelt sich bei diesen Wegen, die der Algorithmus liefert, nicht mehr notwendig um den $k = 1, 2, 3 \ldots$ usw.-kürzesten Weg, sondern es können in der Folge der k Lücken auftreten. Der Grund ist der: Jedes Anfangsstück einer k-kürzesten Kantenfolge ist eine Kantenfolge mit einer Ordnung $\leqq k$. Wäre die Ordnung eines Teilstücks nämlich größer, dann müßte auch die Ordnung der gesamten Kantenfolge größer sein. Diesen Umstand haben wir beim Aufbau des Algorithmus 6 ausgenützt. — Ein Anfangsstück eines k-kürzesten Weges (das nicht mit dem gesamten Weg übereinstimmt) ist zwar höchstens k-kürzester Weg, aber einer mit der zusätzlichen Bedingung, daß er den Endpunkt nicht enthält, sonst wäre der Endpunkt in diesem Weg zweimal vorhanden. Ein k-kürzester Weg, in dem gewisse Punkte verboten wurden, kann aber ein Weg von einer sehr viel höheren Ordnung als k sein, wenn alle Punkte zugelassen werden. Wieder läßt sich im vorhinein nicht feststellen, wie hoch die höchste benötigte Ordnung ist, so daß wir beim gleichen Dilemma wie bei den Kantenfolgen angelangt sind. Wollte man aber k-kürzeste Wege mit der Eigenschaft, daß sie gewisse Punkte nicht enthalten, unmittelbar berechnen, dann müßte man sehr komplizierte Fallunterscheidungen treffen, die den Rechenaufwand ins Undurchführbare steigern, denn im Prinzip kann sich nachträglich jeder Punkt als einer herausstellen, der verboten werden muß.

Zum Schluß machen wir folgende Bemerkung: Um den Einwand gemäß Abb. 25.2 zu entkräften, wird manchmal verlangt, daß der zweitkürzeste Weg von *Pa* nach *Pe* mit dem kürzesten Weg keine Kante gemeinsam hat. Dann ist die Lösung der Aufgabe leicht. Wir berechnen zuerst mit Algorithmus 4 den kürzesten Weg W. Dann sperren wir alle Kanten aus W, d.h., wir setzen $dij = \infty$ für $kij \in W$. Darauf berechnen wir wieder den kürzesten Weg mit Algorithmus 4, und das ist dann der zweitkürzeste Weg mit der gewünschten Eigenschaft. Für kürzeste Wege höherer Ordnung verfahren wir genauso.

26 Kürzeste Wege unter Unsicherheit

Im letzten Abschnitt haben wir auf die Schwierigkeiten hingewiesen, daß verschiedene Verkehrsteilnehmer verschiedene Wege benützen, was sich durch unser bisheriges Modell schwer beschreiben läßt. Hier kann folgende Überlegung helfen [20]: Wir nehmen an, daß jeder Verkehrsteilnehmer wünscht, optimale Verkehrswege zu benützen und daß alle Verkehrsteilnehmer die Auswahl dieser Wege nach den gleichen Kriterien vornehmen. Daß die gewählten Wege trotzdem verschieden ausfallen, soll seinen Grund darin haben, daß die Weglängen – denken wir dabei an die Fahrzeiten – zufälligen Schwankungen unterworfen sind. Diese können durch andere Verkehrsteilnehmer, Verkehrsampeln usw. verursacht sein. Der einzelne Verkehrsteilnehmer kennt zudem die zugrunde liegende Gesetzmäßigkeit nicht genau, sondern ist gezwungen, sie auf Grund seiner beschränkten Erfahrung zu schätzen. Danach wird er versuchen, einen Weg auszuwählen, der im Mittel optimal ist. Durch zufällige Unterschiede in den gemachten Erfahrungen werden verschiedene Verkehrsteilnehmer zu verschiedenen Ansichten gelangen, welcher Weg dies ist. Und zwar wird zu erwarten sein, daß der im Mittel tatsächlich kürzeste

Weg am häufigsten ausgewählt wird, der zweitkürzeste mit geringerer Wahrscheinlichkeit als optimal angesehen wird usw. Ebenso ist plausibel, daß große Umwege auf kurzen Teilstrecken nicht ausgewählt werden.

Dem zufälligen Charakter dieses Modells tragen wir wie folgt Rechnung: Wir nehmen an, daß die „Erfahrungen" der Verkehrsteilnehmer bezüglich der einzelnen Kantenlängen als Realisierungen Dij von paarweise unabhängigen Zufallsveränderlichen ϑij beschrieben werden können. Für die ϑij ist auf Grund des zentralen Grenzwertsatzes der Wahrscheinlichkeitstheorie die Annahme vernünftig, daß sie normalverteilt sind. Damit läßt sich jedes ϑij durch Angabe von Erwartungswert und Streuungsquadrat beschreiben. Anstelle der Bewertung einer Kante mit ihrer „Länge" tritt also nun eine kompliziertere Bewertung durch zwei Größen

$$dij = E\vartheta ij,$$

$$\sigma^2 ij = E[(\vartheta ij - dij)^2],$$

die wir etwa als mittlere Kantenlänge und Schwankungsquadrat der mittleren Kantenlängen deuten können. Die $\sigma^2 ij$ sollen aber nicht frei wählbar sein, sondern mit den dij zusammenhängen. In Abweichung von [20] wollen wir annehmen, daß sie der Kantenlänge proportional sind

$$\sigma^2 ij = E[(\vartheta ij - dij)^2] = c \cdot dij$$

mit einer universellen Konstanten c. Diese Annahme wird dadurch nahe gelegt, daß wir in jede Kante willkürlich Zwischenpunkte einfügen und dann die einzelnen Teilstücke beschreiben können. Wir werden wünschen, daß das Ergebnis das gleiche ist, als hätten wir die ganze Kante auf einmal beschrieben. Tatsächlich ist das genau bei der getroffenen Annahme über die Streuung der Fall: Wir betrachten die Kante kil von Pi nach Pl mit der Länge dil. ϑil ist dann normalverteilt mit dem Erwartungswert dil und dem Streuungsquadrat $c \cdot dil$. Nun unterteilen wir diese Kante durch einen Zwischenpunkt Pj in die beiden Kanten kij und kjl mit den mittleren Längen dij und djl, wobei für die mittleren Längen die Beziehung

$$dij + djl = dil$$

gelten muß. ϑij bzw. ϑjl ist dann normalverteilt mit den Erwartungswerten dij bzw. djl und dem Streuungsquadrat $c \cdot dij$ bzw. $c \cdot djl$. Jetzt benützen wir zur Beschreibung der Kantenfolge $kij \cup kjl$, die an die Stelle der alten Kante kil tritt, die Summe $\vartheta^* il = \vartheta ij + \vartheta jl$. Nach bekannten Sätzen über die Summe zweier unabhängiger normalverteilter Größen gilt aber, daß sich die Erwartungswerte und die Streuungsquadrate addieren:

$$E[\vartheta^* il] = E[\vartheta ij] + E[\vartheta jl] = dij + djl = dil = E[\vartheta il]$$

und

$$E[(\vartheta^* il - dil)^2] = E[(\vartheta ij - dij)^2] + E[(\vartheta jl - djl)^2]$$
$$= c \cdot dij + c \cdot djl = c \cdot dil = E[(\vartheta il - dil)^2],$$

d.h., die Verteilung, die wir durch Zerlegung der Kante in zwei Teilstücke erhalten haben, ist identisch mit der ursprünglichen Verteilung.

Die praktische Rechnung erfolgt so: Um einen optimalen Weg zu erhalten, wird der Algorithmus von Moore angewendet. Zur Länge dij der Kante kij wird aber eine normal verteilte Zufallsveränderliche mit dem Erwartungswert Null und dem Streuungsquadrat $c \cdot dij$ addiert. Verfahren dafür sind bekannt [31]. Auf diese Weise werden die Kantenlängen normal verteilt mit dem Erwartungswert dij und dem Streuungsquadrat $c \cdot dij$ sein. Man operiert also tatsächlich in einem Netz mit der Bewertung ϑij.

Bei jedem Verkehrsteilnehmer wiederholt sich der gleiche Vorgang, insbesondere also auch die Berechnung neuer Werte der Zufallsveränderlichen ϑij bei der Bestimmung des optimalen Weges. So geht es weiter, bis für jeden Verkehrsteilnehmer der optimale Weg bestimmt ist.

Um den großen Rechenaufwand auf ein erträgliches Maß zu reduzieren, kann man die Verkehrsteilnehmer mit gleichem Start und Ziel in Gruppen von zehn oder mehr zusammenfassen und das Netz mit der zufälligen Bewertung sowie den optimalen Weg darin nur einmal berechnen. Dieser Weg wird sodann der gesamten Gruppe zugewiesen. Je größer die gebildeten Gruppen sind, desto geringer wird der Rechenaufwand, desto geringer wird aber auch die Übereinstimmung mit dem zugrundeliegenden Modell.

Es bleibt abzuwarten, ob das hier geschilderte Modell geeignet ist, die Wirklichkeit besser anzunähern als die Verwendung optimaler bzw. k-optimaler Wege im Sinne der Abschnitte 22 bzw. 25. Untersuchungen hierüber stehen noch aus. Sollte sich herausstellen, daß die Verwendung von kürzesten Wegen unter Unsicherheit wesentlich bessere Ergebnisse liefert als die Verwendung anderer Verfahren, dann wird auch der große Rechenaufwand kein Argument gegen die Benützung dieses Modells sein. Weitere Untersuchungen zu diesem Themenkreis sind vor allem von Falkenhausen [Vortrag auf der Tagung der Deutschen Ges. f. Unternehmensforschung, Mannheim 1965] angestellt worden.

27 Kürzeste Wege unter Belastung

Bisher hatten wir angenommen, daß die dij nur von der Geometrie im Netz abhängen, für ein gegebenes Netz also konstant sind. Nun besteht aber ohne Zweifel ein Zusammenhang zwischen Fahrzeit und

Verkehrsmenge [30, 55, 52, 53]. Gelangt in einzelnen Straßenzügen die Verkehrsmenge an die Kapazitätsgrenze dieser Straßenzüge, dann schnellen infolge von Stauungen die Fahrzeiten in die Höhe. Ausweichen der Verkehrsteilnehmer auf wenig befahrene Nebenstraßen ist die Folge.

In unserem Modell läßt sich diese Abhängigkeit dadurch berücksichtigen, daß wir Abhängigkeit der dij von der Belastung b annehmen:

$$dij = dij(b).$$

Da der Verkehr in kij aber durch benachbarte Kanten zu- und abfließt, werden damit die einzelnen Kantenlängen voneinander abhängig. Dadurch wird das Problem der kürzesten Wege außerordentlich verwickelt. Bezüglich der Einzelheiten verweisen wir auf Untersuchungen von Maecke [43] und Beilner [5].

Ein Punkt aber verdient, besonders hervorgehoben zu werden. Überläßt man den individuellen Verkehr sich selbst, dann wird jeder Verkehrsteilnehmer versuchen, die für ihn persönlich günstigsten Wege zu benützen. Ob das im Interesse der Allgemeinheit liegt oder ob er durch Benützen ohnehin schon überlasteter Straßenzüge einer großen Anzahl anderer Verkehrsteilnehmer Schaden zufügt, wird ihm gleichgültig sein oder sich sogar seiner Kenntnis entziehen. Man könnte daher vermuten, daß in einem sich selbst überlassenen individuellen Verkehr sich stets einige wenige Vorteile auf Kosten vieler Verkehrsteilnehmer verschaffen können. Diese Annahme ist nicht in jedem Fall richtig. Es kann der für die Allgemeinheit noch schlimmere Fall eintreten, daß jeder Verkehrsteilnehmer auf dem für ihn optimalen Weg fährt und dabei länger braucht als in einem total gelenkten Verkehr im gleichen Netz, wo es nicht gestattet ist, die optimalen Wege zu benützen, sondern Umwege erzwungen werden. Wir belegen diese Behauptung durch ein Beispiel von Braess [12]. Quintessenz des Beispiels ist: Auf den optimalen Wegen blockieren sich die Verkehrsteilnehmer gegenseitig. Wird der Verkehr durch Zwangsmaßnahmen (Sperren einer Straße) entflochten, dann müssen die Verkehrsteilnehmer, die diese Straße nicht benützen dürfen, Umwege in Kauf nehmen. Sie kommen aber auf den Umwegen rascher voran als vorher auf den optimalen Wegen.

Nun erläutern wir das Beispiel von Braess. Gegeben ist das Verkehrsnetz Abb. 27.1. Die Fahrzeiten in Abhängigkeit von der Belastung b sollen die folgenden sein:

$$\begin{aligned} &d12(b) = 50 + b, \quad d24(b) = 10b, \quad d34(b) = 50 + b, \\ &d13(b) = 10b, \quad d32(b) = 10 + b, \\ &dij(b) = \infty \quad \text{für alle übrigen Paare } i, j. \end{aligned} \tag{27.1}$$

Wir nehmen nun an, daß ein Fluß der Stärke 6 von $P1$ nach $P4$ geführt werden muß (denken wir etwa an 6000 Fahrzeuge) und daß andere Verkehrswünsche und -belastungen im Netz nicht auftreten.

Es gibt drei Bahnen von $P1$ nach $P4$:

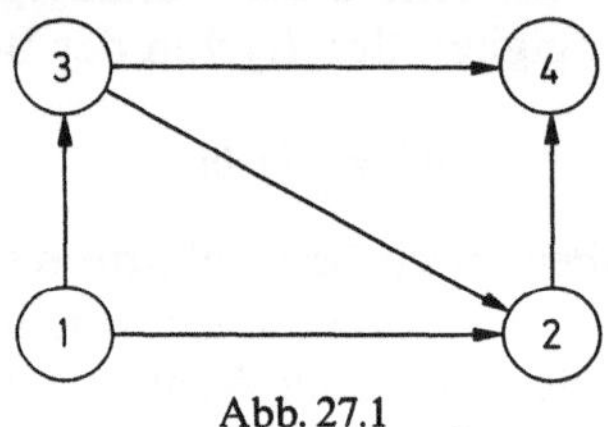

Abb. 27.1

$$B1 = P1\,P2\,P4,$$
$$B2 = P1\,P3\,P2\,P4,$$
$$B3 = P1\,P3\,P4.$$

Teilen wir den Verkehrsstrom zu gleichen Teilen auf diese drei Bahnen auf, dann erhalten wir für die Belastungen bij der Kanten kij

$$b12 = 2, \quad b24 = 4, \quad b34 = 2,$$
$$b13 = 4, \quad b32 = 2.$$

Damit werden die Bewertungen dij gemäß (27.1):

$$d12 = 52, \quad d24 = 40, \quad d34 = 52,$$
$$d13 = 40, \quad d32 = 12,$$

und die Bahnlängen

$$L(B1) = L(B2) = L(B3) = 92.$$

Eine Bahn maximaler Länge bezeichnen wir auch als *kritische* Bahn, und in unserem Beispiel sind alle Bahnen kritisch. Die Verkehrsverteilung ist stabil in dem Sinn, daß jeder Verkehrsteilnehmer, der auf eine andere Bahn ausweicht, diese noch mehr belastet und damit längere Fahrten in Kauf nehmen muß, wie auf der zuerst gewählten Bahn.

Nun verbieten wir die Benützung der Kante $k32$. Wieder stellt sich eine stabile Verkehrsverteilung ein, wenn wir die verbleibenden Bahnen $B1$ und $B3$ gleich belasten. Damit wird

$$b12 = b24 = b13 = b34 = 3$$

und

$$d12 = 53, \quad d24 = 30,$$
$$d13 = 30, \quad d34 = 53$$

sowie

$$L(B1) = L(B3) = 83.$$

Obwohl eine Verbindung nicht benützt werden darf, sind sämtliche Wege kürzer geworden.

Ein einzelnes Fahrzeug, das trotz des Verbots die Kante $k32$ benützt, könnte sich einen weiteren Vorteil verschaffen, denn aus $d32 = 10$ folgt $L(B2) = 70$.

Hebt man das Fahrverbot auf $k32$ auf, dann benützen zahlreiche Fahrzeuge $B2$, und der alte Zustand stellt sich binnen kurzem wieder ein. Es ist lehrreich, dies in einem Zwischenschritt zu verfolgen: Nehmen wir an, auf den Routen $B1$ und $B3$ sei noch insgesamt die Belastung 5 verblieben, $B2$ sei mit 1 belastet. Eine Wiederholung der bereits zweimal durchgeführten Rechnung zeigt

$$L(B1) = L(B3) = 87{,}5,$$

$$L(B2) = 82{,}5.$$

Die Benützer von $B2$ haben die Kanten $k13$ und $k24$, auf die es ankommt (Faktor 10 beim Zusammenhang zwischen Belastung und Fahrzeit), bereits soweit verstopft, daß die Benützer von $B1$ und $B3$ bereits erheblich längere Zeiten als die optimalen 83 in Kauf nehmen müssen. Nach wie vor ist aber $B2$ die kürzeste Route. Sie wird daher weitere Fahrzeuge anziehen und damit zu einer Verschlechterung der Situation für alle Verkehrsteilnehmer führen.

Das Beispiel von Braess stammt aus dem Frühjahr 1968 und mag konstruiert scheinen, läßt sich aber durch die Erfahrung untermauern. Ende 1968 wurde in Stuttgart das Straßensystem, das am Schloßplatz entstanden war, eröffnet und von den Benützern nicht in der geplanten Weise angenommen. Ein Verkehrschaos zu den Spitzenzeiten war die Folge. Es wurde durch Sperrung der unteren Königstraße, also genau den im Beispiel betrachteten Fall, behoben.

Weitere Literatur über kürzeste Wege und verwandte Gebiete: [49, 37, 38, 18, 28, 57].

3 Das Rundreiseproblem

Das Rundreiseproblem ist leicht zu formulieren: Ein Vertreter wünscht, ausgehend von einem Ort $P1$, jeden von $n-1$ weiteren Orten genau einmal zu besuchen und schließlich an den Ausgangspunkt zurückzukehren. Wie soll er reisen, damit die gesamte zurückgelegte Entfernung ein Minimum wird?

Anders gesprochen: In einem bewerteten Graphen G ist ein Zyklus zu finden, der alle Knoten von G enthält (eine Hamiltonsche Linie) und minimale Länge besitzt [9]. Als Bewertung dij dient dabei die Entfernung zwischen den Punkten Pi und Pj. $dij=\infty$ soll wieder bedeuten, daß die Kante kij nicht im Graphen liegt.

Meist nimmt man aber an, daß sich die Aufgabenstellung auf ein Netz bezieht, in welchem von jedem Punkt zu jedem anderen eine direkte Verbindung besteht. Dann gibt es bei systematischem Probieren für die erste Kante $n-1$ Möglichkeiten, nämlich die Kanten von Punkt 1 zu allen übrigen Punkten. Für die zweite Kante bleiben nurmehr $n-2$ Kanten vom Endpunkt der ersten Kante zu allen übrigen Punkten mit Ausnahme von $P1$, der erst am Schluß wieder erreicht werden darf. Für die dritte Kante finden wir $n-3$ Möglichkeiten usw. Schließlich bleibt für die $n-1$-te Kante nurmehr eine Kante zur Wahl, die nach Punkt 1 zurückführt. Damit erhalten wir $(n-1)!$ Möglichkeiten.

Versuchen wir, die Aufgabe durch systematisches Probieren zu lösen, und nehmen wir an, eine Rechenanlage brauche n µsec, um einen Zyklus auszuwählen, seine Länge zu berechnen und festzustellen, ob er der kürzeste bisher gefundene ist, dann benötigen wir folgende Rechenzeiten:

n	t	
6	0,001	sec
10	4	sec
13	2	Std
14	1	Tag
15	2	Wochen
16	8	Monate
17	11	Jahre

Dabei ist diese Zeitschätzung noch optimistisch. Systematisches Probieren kommt also ab $n=12$ kaum mehr in Frage. Tatsächlich ist das Rundreiseproblem, das in seiner ersten Formulierung auf Gauß zurückgehen dürfte, bis heute von einer befriedigenden Lösung weit entfernt. Es gibt jedoch Lösungsansätze in zwei Richtungen: Eine Gruppe von Methoden unternimmt es, *alle* vorgelegten Probleme näherungsweise zu lösen. Zunächst müssen dazu alle Probleme für nicht zu große n in kürzerer Zeit exakt bewältigt werden, als dies durch systematisches Probieren möglich wäre. Typisch ist hier das in [6] geschilderte Verfahren von Bellman, das Methoden der dynamischen Planungsrechnung benützt. Auf der Rechenanlage IBM 7090 läßt sich damit der Fall $n=13$ in 17 sec durchrechnen. Die Behandlung großer n scheitert am großen Speicherbedarf dieser Methode. Große Probleme können aber dadurch näherungsweise gelöst werden, daß sie wiederholt in verschiedener Weise in kleinere Probleme aufgespalten werden, deren Lösung exakt erfolgen kann. Diese exakten Einzellösungen werden dann zu einer Näherungslösung für das Gesamtproblem zusammengesetzt, von der man hoffen kann, daß sie nicht zu weit vom tatsächlichen Optimum entfernt ist. Näheres darüber findet sich in 31.

Die zweite Gruppe von Methoden versucht, möglichst viele Probleme exakt zu lösen. Typisch ist hier das in [42] erläuterte Verfahren von Little u.a., das im allgemeinen Probleme bis gegen $n=40$ löst und nur bei schlecht konditionierten Netzen gänzlich versagt. Die Verfasser geben, wieder für die Rechenanlage IBM 7090, folgende typische Rechenzeiten für besonders gut konditionierte Netze (deren Entfernungsmatrix aus unabhängigen Zufallszahlen bestand) an:

n	t
10	1 sec
20	5 sec
30	1 min
40	8 min

Die praktische Bedeutung des Problems besteht heute nicht darin, daß Vertreter ihre Rundreisen zweckmäßig einrichten können. Wenn wir eine Sekunde Rechenzeit auf der IBM 7090 mit DM 1.– veranschlagen, so ist klar, daß die Berechnung optimaler Rundreisen oft mehr kosten wird als ihre Benützung jemals einbringen kann. Die praktische Bedeutung besteht vielmehr in der Lösung von Reihenfolgeproblemen auf Maschinen: Nehmen wir an, ein Unternehmen stellt mit seinem Maschinenpark im Laufe jedes Jahres ein Dutzend verschiedene Artikel her. Von jedem Artikel wird ein Jahresbedarf erzeugt und geht dann auf Lager. Nach der Erzeugung jedes Artikels sind die Maschinen auf die Erzeugung des nächsten Artikels umzustellen, was mit erheblichen

Kosten verbunden sein kann. Bezeichnen wir die Umstellungskosten von Artikel Pi auf Artikel Pj mit dij, so kann die beste Reihenfolge als Lösung eines Rundreiseproblems gedeutet werden. An die Stelle der Orte sind nun die Artikel getreten, an die Stelle der Entfernungen die Umstellungskosten. Im Laufe eines Jahres muß jeder Artikel einmal an die Reihe kommen. Nach einem Jahr wiederholt sich der gleiche Zyklus. Er soll so gewählt werden, daß die Summe der Umstellungskosten minimal wird.

Wollen Firmen der Rechenmaschinenindustrie die Leistungsfähigkeit ihrer Programme für diesen Zweck demonstrieren, so muß aber noch immer die ursprüngliche Terminologie des Rundreiseproblems herhalten. Da wird die Wahlreise eines Präsidentschaftskandidaten der USA berechnet, der in sämtlichen Bundeshauptstädten sprechen möchte. Dantzig u.a. haben diese Rechnung erstmals 1954 in [15] durchgeführt, wobei sie allerdings nicht die hier geschilderten Methoden, sondern eine „Mischung von Genialität und harter Arbeit“ benützten. – Oder es wird Reisenden aus den USA angepriesen, in welcher Reihenfolge sie am besten 38 gotische Kathedralen in Frankreich besuchen.

Nun zur Beschreibung der Methoden: Wie oben erwähnt, liegt dem Rundreiseproblem per definitionem ein vollständiger Graph zugrunde. Wir benützen zu seiner Beschreibung daher die Matrix der Entfernungen

$$dij \qquad i,j=1(1)n.$$

Zum Speichern der Matrix benötigen wir n^2 Plätze. Wir ordnen die Werte dij in diesen Plätzen in irgend einer Weise systematisch an, so daß aus der Kenntnis von i und j die Adresse der Zelle berechnet werden kann, in der sich dij befindet und umgekehrt, also etwa in der üblichen Weise nach steigendem Zeilenindex und innerhalb der Zeilen nach steigendem Spaltenindex.

31 Das Verfahren von Bellman

Bei einem optimalen Rundreiseweg kann jeder Knoten als Anfangs- und Endpunkt fungieren. o.B.d.A. nehmen wir daher Punkt 1 als Start und Ziel der Reise an. Nehmen wir nun weiter an, wir hätten auf unserem optimalen Reiseweg einen Knoten Pi erreicht und müßten noch k weitere Knoten $Pj1, Pj2, \ldots, Pjk$ passieren, bevor wir nach $P1$ zurückkehren. Dann ist es klar, daß der Weg von Pi über $Pj1, Pj2, \ldots, Pjk$ nach $P1$ die Punkte $Pj1, Pj2, \ldots, Pjk$ in einer solchen Reihenfolge enthält, daß seine Länge ein Minimum wird. Den Wert dieses Minimums bezeichnen wir mit $l\,(i;\, j1, j2, \ldots, jk)$. Unser Problem ist gelöst, sobald wir $l\,(1;\, 2, 3, \ldots, n)$ und den zugehörigen Weg kennen.

Der Weg von Pi über $Pj1$, $Pj2, \ldots, Pjk$ nach $P1$ enthält als erste Strecke eine Strecke, die von Pi zu einem der Punkte Pjh führt. Dann verläuft er über die restlichen Zwischenpunkte weiter nach $P1$. Würden wir h kennen, dann könnten wir die Beziehung

$$(31.1)\quad l(i;j1,j2,\ldots,jk)=dijh+l(jh;j1,\ldots,jh-1,jh+1,\ldots,jk)$$

aufstellen, die die Länge eines Weges von Pi nach $P1$ über k Zwischenpunkte durch die bekannte Größe $dijh$ und die Länge eines Weges mit nur $k-1$ Zwischenpunkten ausdrückt. Nun kennen wir h zwar nicht, wir wissen aber, daß h jener Punkt sein muß, der die rechte Seite von (31.1) zu einem Minimum macht, da sonst auch $l(i;j1,j2,\ldots,jk)$ nicht die Länge des kürzesten Weges wäre. Wir können deshalb die Beziehung

$$(31.2)\quad \begin{aligned} &l(i;j1,j2,\ldots,jk)\\ &=\min_{h=1,2,\ldots,k}\left(dijh+l(jh;j1,\ldots,jh-1,jh+1,\ldots,jk)\right)\end{aligned}$$

benützen, um h zu ermitteln.

Bemerken wir noch, daß

$$l(i;j)=dij+dj1$$

gilt. Dann können wir aus den $l(i;j)$ mit Hilfe von (31.2) die $l(i;j1,j2)$, also die Längen der Wege mit zwei Zwischenpunkten, berechnen. Mit Hilfe dieser erhalten wir die Längen der Wege mit drei Zwischenpunkten usw., bis $l\,(1;2,3,\ldots,n)$ gefunden ist. Führen wir noch eine geeignete Buchhaltung über die Reihenfolge, in der die Zwischenpunkte jeweils auftreten, haben wir damit unser Problem gelöst.

Probleme ab etwa $n=15$ Schritten scheitern am benötigten Speicherraum. Hier haben Mitarbeiter von IBM folgende Erweiterung vorgeschlagen, die auch für große n anwendbar ist, aber dort nur Annäherungsresultate liefert: Eine „große" Tour wird in Gruppen zu etwa 10 Orten zerlegt. Innerhalb der 10 Orte wird der Weg optimalisiert. Die Zehnergruppen werden dann in irgend einer Reihenfolge aneinandergereiht. Auch diese Reihung kann wieder mit dem gleichen Algorithmus optimalisiert werden, wenn man jede Gruppe als einen einzigen Ort auffaßt, dessen Entfernung zu den übrigen Orten durch die Entfernung des Eintrittsorts in die Gruppe von den Austrittsorten der übrigen Gruppen gegeben ist. Das ganze Verfahren kann mit mehreren verschiedenen Gruppeneinteilungen wiederholt werden. Numerische Experimente haben ergeben, daß das Verfahren in vielen Fällen zum exakten Optimum führt. Entscheidend bleibt dabei eine günstige Wahl der Gruppen, die nur intuitiv oder mit sehr vagen Kriterien möglich ist, indem man z.B. nahe beieinanderliegende Orte zu einer Gruppe vereinigt.

32 Die Methode des Entscheidungsbaumes

Das eingangs erwähnte Verfahren von Little u.a. wollen wir mit Hermann „Methode des Entscheidungsbaumes" nennen. Das Prinzip dieses Verfahrens besteht darin, die Menge aller Rundreisen R in immer kleinere Untermengen aufzuteilen und für jede Untermenge eine untere Schranke für die Länge der darin enthaltenen Rundreisen zu bestimmen. Ermitteln wir außerdem die Länge einer beliebigen Rundreise und ist diese durch Zufall nicht allzuweit von der optimalen Rundreise entfernt, so wird ihre Länge kleiner sein als die untere Schranke für die Länge der Rundreisen in einigen Untermengen. Es ist daher nicht notwendig, diese Untermengen weiter zu betrachten, da sie die optimale Rundreise nicht enthalten können. Auf diese Weise schränken wir die Menge der Rundreisen, die wir untersuchen müssen, mehr und mehr ein, bis eine optimale Rundreise übrigbleibt.

Bezeichnen wir die Länge des optimalen Zyklus wieder mit l, die Länge des kürzesten bisher gefundenen Zyklus mit L und die beste bekannte untere Schranke in einer Untermenge mit lu. Ein erster Wert für L kann aus den Entfernungen dij berechnet werden. Werden die Knoten $P1, \ldots, Pn$ bei einer Rundreise in der Reihenfolge $P1, Pj2, Pj3, \ldots, Pjn, P1$ durchlaufen, dann gilt

$$L = d1\,j2 + dj2j3 + \cdots + djn1 .$$

321 Reduktion

Als Nächstes besprechen wir das Konzept der Reduktion. Geben wir einen Punkt Pi vor. Jeder Zyklus, insbesondere auch ein optimaler, muß eine Kante enthalten, die nach Pi führt und eine weitere Kante, die von Pi fortführt. Die Längen der Strecken, die von Pi nach $P1, P2, \ldots, Pn$ führen, sind durch $di1, di2, \ldots, din$ gegeben. Sie bilden die i-te Zeile der Matrix (dij). Die Längen der Strecken, die von $P1, P2, \ldots, Pn$ nach Pi führen, sind durch $d1i, d2i, \ldots, dni$ gegeben. Sie bilden die i-te Spalte der Matrix (dij). In der optimalen Tour ist eine Strecke enthalten, die nach Pi führt. Für ihre Länge gilt, daß sie mindestens gleich

$$\min_{j,\, j \neq i} dji$$

ist. Damit haben wir gleichzeitig eine untere Schranke für die Länge einer optimalen Rundreise gefunden:

$$lu = \min_{j,\, j \neq i} dji \leqq l .$$

Genauso können wir bei den Strecken argumentieren, die von Pi fortführen und erhalten

$$lu = \min_{j,\, j \neq i} dji + \min_{j,\, j \neq i} dij \leqq l .$$

Ziehen wir von jedem Element der Zeile i die Größe h ab, dann erhalten wir eine Matrix mit der neuen Zeile $dij-h$. Diese Matrix beschreibt ein Rundreiseproblem, das mit dem alten bis auf die i-te Spalte übereinstimmt. Sämtliche von Pi ausgehenden Strecken wurden also um den Betrag h verkürzt, alle anderen Strecken sind gleich geblieben. Da jede Rundreise genau eine von Pi ausgehende Strecke enthält, sind also auch alle Rundreisen um den Betrag h verkürzt worden. Jene Rundreise, die im alten Problem optimal war, ist es im neuen Problem aber wieder.

Dies können wir dazu benützen, die ursprünglich gegebene Matrix (dij) zu vereinfachen (zu „reduzieren"). Wir wählen h dabei so, daß die Elemente der neuen Matrix $\geqq 0$ bleiben. Dies erreichen wir durch die Wahl

$$h = \min_{j,\, j \neq i} dij.$$

Bezeichnen wir die neue Matrix mit $(d'ij)$ und die Länge der zugehörigen optimalen Rundreise mit l', dann gilt

$$l = l' + h,$$

und die Reihenfolge der Punkte, die zur optimalen Rundreise im Problem mit der Matrix $(d'ij)$ führt, liefert auch die optimale Rundreise für die Matrix (dij). Das Problem mit der Matrix $(d'ij)$ kann aber leichter zu lösen sein, weil die Matrix $(d'ij)$ kleinere Zahlen, sogar mindestens eine Null in der i-ten Zeile, enthält.

Genauso können wir mit der i-ten Spalte verfahren und weiter auch mit allen anderen Zeilen und Spalten, bis wir in jeder Zeile und Spalte eine Null erhalten haben. Ein Beispiel mag dies erläutern: Die gegebene Matrix sei

–	27	43	16	30	26
7	–	16	1	30	25
20	13	–	35	5	0
21	16	25	–	18	18
12	46	27	48	–	5
23	5	5	9	5	–

Wir subtrahieren zuerst von den Zeilen der Reihe nach 16, 1, 0, 16, 5 und 5 und erhalten

–	11	27	0	14	10
6	–	15	0	29	24
20	13	–	35	5	0
5	0	9	–	2	2
7	41	22	43	–	0
18	0	0	4	0	–

und dann von den Spalten der Reihe nach 5, 0, 0, 0, 0 und 0 und erhalten

–	11	27	0	14	10
1	–	15	0	29	24
15	13	–	35	5	0
0	0	9	–	2	2
2	41	22	43	–	0
13	0	0	4	0	–

Da wir insgesamt um 48 reduziert haben, ist 48 eine untere Schranke für die Länge aller Rundreisen.

322 Exkurs über Zuordnungsprobleme

Könnten wir jetzt eine Rundreise auswählen, die über lauter Strecken der Länge 0 führt, dann hätten wir das Rundreiseproblem für die reduzierte Matrix gelöst. Da die reduzierte Matrix lauter nicht negative Elemente enthält, kann die Länge keiner Rundreise negativ sein. Eine Rundreise mit der Länge 0 ist also notwendig optimal. Wir wissen aber, daß die gleiche Rundreise auch für das ursprüngliche Problem optimal ist.

Man sieht leicht ein, daß es bei unserem Beispiel nicht möglich ist, eine Rundreise aus lauter Nullen anzugeben: Die einzige Null in der ersten Zeile ist die in der vierten Spalte. Die Rundreise müßte also die Strecke $P1\ P4$ enthalten. Das gleiche Argument können wir auf die zweite Zeile anwenden und stellen fest, daß die Rundreise auch die Strecke $P2\ P4$ enthalten müßte. Da sie aber nicht zwei Strecken enthalten kann, die im gleichen Punkt enden, sind wir auf einen Widerspruch gestoßen. Dies liegt bei unserem Beispiel daran, daß die einzige Null in der ersten und zweiten Zeile sich jeweils in der gleichen Spalte befindet. Diese Tatsache können wir andererseits nach einem von Flood [21] angegebenen Verfahren benützen, um die Matrix weiter zu reduzieren: Wir addieren 10 zur vierten Spalte und ziehen anschließend 10 von der ersten Zeile und 1 von der zweiten Zeile ab. Da wir auf diese Weise mehr abgezogen als addiert haben, sind die Matrixelemente in Summe kleiner geworden.

–	1	17	0	4	0
0	–	14	9	28	23
15	13	–	45	5	0
0	0	9	–	2	2
2	41	22	53	–	0
13	0	0	14	0	–

Nun verfahren wir mit der letzten Zeile und der dritten und fünften Spalte ähnlich.

$$\begin{matrix} - & 1 & 8 & 0 & 2 & 0 \\ 0 & - & 5 & 9 & 26 & 23 \\ 15 & 13 & - & 45 & 3 & 0 \\ 0 & 0 & 0 & - & 0 & 2 \\ 2 & 41 & 13 & 53 & - & 0 \\ 22 & 9 & 0 & 23 & 7 & - \end{matrix}$$

Der nächste Schritt betrifft die letzte Spalte und die dritte und fünfte Zeile.

$$\begin{matrix} - & 1 & 8 & 0 & 2 & 3 \\ 0 & - & 5 & 9 & 26 & 26 \\ 12 & 10 & - & 42 & 0 & 0 \\ 0 & 0 & 0 & - & 0 & 5 \\ 0 & 39 & 11 & 51 & - & 1 \\ 22 & 9 & 0 & 23 & 7 & - \end{matrix}$$

Zuletzt behandeln wir die Spalte 1 und die Zeilen 2 und 5.

$$\begin{matrix} - & 1 & 8 & \otimes & 2 & 3 \\ \otimes & - & 0 & 4 & 21 & 21 \\ 17 & 10 & - & 42 & \otimes & 0 \\ 5 & \otimes & 0 & - & 0 & 5 \\ 4 & 38 & 10 & 50 & - & \otimes \\ 27 & 9 & \otimes & 23 & 7 & - \end{matrix}$$

Jetzt können wir in der angekreuzten Weise – und nur in dieser – aus jeder Zeile eine Null so auswählen, daß nicht zwei Nullen in der gleichen Spalte stehen. Wie Egervary mit Hilfe eines Satzes von König gezeigt hat [19], ist dies stets möglich und nicht etwa eine spezielle Eigenschaft unseres Beispieles. Unter Umständen müssen allerdings noch kompliziertere Reduktionen vorgenommen werden, wie das Beispiel

$$\begin{matrix} - & 1 & 8 & 0 & 2 & 3 \\ 0 & - & 0 & 4 & 22 & 22 \\ 17 & 10 & - & 42 & 0 & 0 \\ 5 & 0 & 0 & - & 0 & 2 \\ 4 & 38 & 10 & 50 & - & 0 \\ 20 & 2 & 2 & 16 & 0 & - \end{matrix}$$

zeigt, bei dem wir zur fünften und sechsten Spalte je 2 addieren müssen, um von der dritten, fünften und sechsten Zeile je 2 abziehen zu können.

Das Rundreiseproblem ist aber damit nicht gelöst, denn in unserem Fall würde die Reise, die lauter Kanten mit der Länge 0 enthält, über folgende Punkte führen:

von $P1$ nach $P4$ (siehe erste Zeile),
von $P4$ nach $P2$ (siehe vierte Zeile),
von $P2$ aber wieder zurück nach $P1$ (siehe zweite Zeile).

Beginnen wir etwa in $P3$, dann erhalten wir ebenso $P3\ P5\ P6\ P3$, d.h., wir können jetzt zwei Rundreisen ($P1\ P4\ P2$) und ($P3\ P5\ P6$) angeben, die insgesamt alle Punkte enthalten, anstelle einer einzigen. Wir können versuchen, diese zwei Rundreisen zu einer einzigen zu verknüpfen (s. Hellmich [32]), jedoch steht ein gut funktionierendes Verfahren auf dieser Basis nicht zur Verfügung.

Unsere Ausführungen sind aber deshalb von Interesse, weil wir auf diese Weise ein anderes, nämlich das sog. *Zuordnungsproblem* gelöst haben [50]. Wir nehmen an, daß n verschiedene Tätigkeiten von ebensovielen Arbeitern ausgeführt werden sollen, daß aber die Zeiten, die die Arbeiter zur Verrichtung der einzelnen Tätigkeiten benötigen, von Person zu Person verschieden sind. Das Zuordnungsproblem besteht darin, die Arbeiter so den Tätigkeiten zuzuordnen, daß die gesamte Arbeitszeit ein Minimum wird.

Bezeichnen wir die Zeit, die der i-te Arbeiter benötigt, um die j-te Tätigkeit auszuführen mit dij, dann ist auch in dieser Matrix Reduktion möglich, ohne daß dadurch die optimale Zuordnung verändert wird. Reduktion in der i-ten Zeile um den Betrag h bedeutet, daß der i-te Arbeiter *jede* Tätigkeit in einer um h kürzeren Zeit ausführt. Jede Zuordnung beim reduzierten Problem liefert daher eine um insgesamt h kürzere Arbeitszeit. Einer Minimallösung des ursprünglichen Problems entspricht somit wieder eine Minimallösung des reduzierten Problems und umgekehrt. Entsprechendes gilt für die Spalten: Reduktion um h in der Spalte j bedeutet nun, daß die j-te Arbeit von jedem Arbeiter in um h kürzerer Arbeitszeit ausgeführt werden kann. Die übrige Argumentation verläuft genau wie oben.

Deuten wir unser Beispiel also als Matrix eines Zuordnungsproblems, dann haben wir die Lösung gefunden.

Arbeiter	Tätigkeit
1	4
2	1
3	5
4	2
5	6
6	3

Dabei hatten wir bei unserer Matrix wegen der nicht zugelassenen Hauptdiagonalelemente noch zusätzlich verboten, daß der i-te Arbeiter an der i-ten Maschine tätig wird.

Das Zuordnungsproblem läßt verschiedene Verallgemeinerungen auf das Dreidimensionale zu [3]. Im Fall des planaren dreidimensionalen Problems gilt, wie ich gezeigt habe, der Satz von König-Egervary ebenfalls, und wir können genau wie oben verfahren.

323 Der Entscheidungsbaum

Begnügen wir uns im folgenden mit den einfachen Reduktionen, wie sie in 321 beschrieben sind, und teilen wir anschließend alle möglichen Rundreisen in zwei Klassen ein: jene, die die Kante kij enthalten und jene, bei denen dies nicht der Fall ist. Wir deuten dies durch folgende Skizze an (Abb. 323.1). $l'u$ sei die bei der Reduktion erhaltene untere Schranke für alle Rundreisen, und die Elemente der reduzierten Matrix sollen wieder dij heißen.

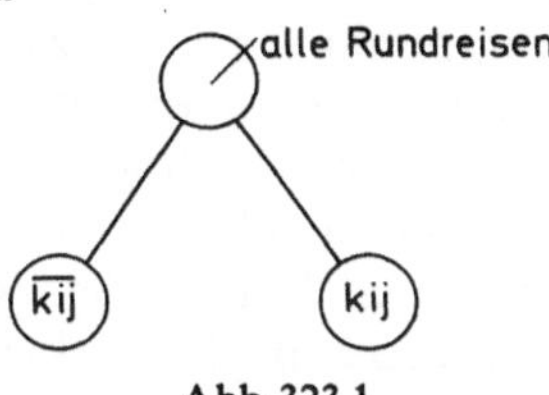

Abb. 323.1

Für die Rundreisen, die kij nicht enthalten, gehen wir so vor: Jede Rundreise muß eine Strecke enthalten, die zum Punkt Pj führt, die aber von kij verschieden ist. Es handelt sich also um eine Kante,

$$ki'j \qquad i'=1,2,\ldots,n \quad i' \neq i.$$

Ebenso muß eine Kante

$$kij' \qquad j'=1,2,\ldots,n \quad j' \neq j$$

vorhanden sein, die den Punkt Pi verläßt, aber von kij verschieden ist. Die Länge der erstgenannten Kante ist mindestens

$$\min_{\substack{i'=1,2,\ldots,n \\ i' \neq i}} di'j,$$

die der zweiten mindestens

$$\min_{\substack{j'=1,2,\ldots,n \\ j' \neq j}} dij'.$$

Die untere Schranke lu im Fall $\overline{kij}$ lautet daher

(323.1) $$lu = l'u + \min_{\substack{i'=1,2,\ldots,n \\ i' \neq i}} di'j + \min_{\substack{j'=1,2,\ldots,n \\ j' \neq j}} dij'.$$

Für die Zwecke der numerischen Rechnung empfiehlt es sich, so zu verfahren: In der reduzierten Matrix setzen wir $dij = \infty$. Die entstehende Matrix beschreibt ein Rundreiseproblem, in welchem die Kante kij nicht auftreten kann, alle anderen Weglängen aber unverändert geblieben sind. Diese neue Matrix reduzieren wir wieder, wobei wir die Reduktion nur in der Zeile i und der Spalte j vorzunehmen brauchen, da alle anderen Zeilen und Spalten unverändert geblieben sind. Dabei ergeben sich nach 321 neue untere Schranken, die genau dem Ausdruck (323.1) entsprechen.

Bei den Rundreisen, die kij enthalten, stellen wir folgende Überlegung an: Um eine vollständige Rundreise zu erhalten, müssen wir aus jeder Spalte und gleichzeitig aus jeder Zeile genau ein Element auswählen. Das Element im Kreuzungspunkt der i-ten Zeile und j-ten Spalte ist aber festgelegt. Das heißt, die übrigen Elemente müssen so gewählt sein, daß jede Zeile, mit Ausnahme der i-ten, und jede Spalte, mit Ausnahme der j-ten, genau einmal vorkommt. Wir bewerkstelligen dies am besten, indem wir in der ursprünglichen Matrix die Zeile i und die Spalte j streichen und nun eine Rundreise in der verkleinerten Matrix suchen. Soll die ursprüngliche Rundreise optimal sein, muß es sicher auch die Rundreise in der verkleinerten Matrix sein. Außerdem dürfen wir nicht vergessen, darüber Buch zu führen, welche Zeilen und Spalten der ursprünglichen Matrix in der verkleinerten Matrix enthalten sind, um am Schluß die Rundreise für das ursprüngliche Problem rekonstruieren zu können.

Nach Wahl einer ersten Kante kij in der optimalen Rundreise haben wir einen letzten Umstand zu berücksichtigen: Die Kante kji darf im folgenden nicht mehr gewählt werden, da sonst ein Zyklus kij, kji entstünde. Nach Wahl von kij muß daher $dji = \infty$ gesetzt werden.

War kij nicht die erste gewählte Kante, so gilt folgende allgemeinere Vorschrift: Wir müssen bereits früher gewählte Kanten vor Pi und hinter Pj ansetzen, soweit dies möglich ist. An diese Kanten setzen wir weiter an usw. Auf diese Weise erhalten wir einen Weg etwa von Pa nach Pe, der kij enthält. Um Schleifen zu vermeiden, muß $dea = \infty$ gesetzt werden. Unter Umständen kann dabei $a = i$ oder $e = j$ sein. Nach Wahl der ersten Kante z.B. können keine weiteren Kanten angesetzt werden, und wir erhalten den Spezialfall $Pa = Pi$, $Pe = Pj$.

Die neue Matrix, die nach Streichung der i-ten Zeile und j-ten Spalte entsteht, reduzieren wir wieder. Es sei möglich, von allen Zeilen und

Spalten insgesamt $l''u$ abzuziehen. Dann haben wir für die Rundreisen, die kij enthalten, die neue untere Schranke

$$lu = l'u + dij + l''u. \qquad (323.2)$$

Insgesamt haben wir durch die Entscheidung, die Kante kij auszuzeichnen, aus dem ursprünglichen Problem zwei einfachere gewonnen: Das Problem mit kij enthält eine Zeile und Spalte weniger, das Problem ohne kij enthält ein Element weniger, da $dij = \infty$ gesetzt wurde. So fahren wir immer weiter fort.

Dabei ist eine immer größere Anzahl von Fällen zu unterscheiden. Wir müssen deshalb bedacht sein, gewisse unter ihnen als unmöglich auszuschließen. Das geschieht so: Wir können die Länge einer willkürlich ausgewählten und daher keineswegs optimalen Tour ermitteln, sie sei L. Nun vergleichen wir L mit den unteren Schranken lu, die wir bei jeder Entscheidung erhalten haben. Alle Fälle, bei denen $lu > L$ gilt, enthalten nur Touren, deren Länge größer als die Länge L einer bereits gefundenen Tour ist. Die optimale Rundreise ist unter ihnen deshalb nicht zu finden, und wir können sie ausschließen.

Praktisch wird es nicht notwendig sein, die Länge L einer willkürlich ausgewählten Tour zu ermitteln. Wir können warten, bis wir im Laufe unserer Entscheidungen n Kanten fest gewählt haben, die dann eine Rundreise bilden und einen Wert für L liefern. Es ist plausibel, daß wir dabei eine bessere Schranke L erhalten als durch willkürliche Auswahl einer Rundreise.

Letztlich haben wir zu besprechen, wie wir die ausgezeichnete Kante kij zweckmäßig wählen können. Es soll dies so geschehen, daß die Touren mit kij mit möglichst großer Wahrscheinlichkeit die optimale Rundreise enthalten, die Touren $\overline{kij}$ mit möglichst großer Wahrscheinlichkeit aber nicht. Dies ist dann zu erwarten, wenn die Differenz zwischen den Schranken in den Fällen $\overline{kij}$ und kij möglichst groß ausfällt.

Nach (323.1) und (323.2) errechnet sich diese Differenz zu

$$D = \min di'j + \min dij' - (dij + l''u).$$

$l''u$ hängt dabei implizit von i und j ab. Da sich aber für diese Abhängigkeit keine einfache explizite Formel angeben läßt, beschränken wir uns darauf, zuerst dij möglichst klein und anschließend

$$\min di'j + \min dij' \qquad (323.3)$$

möglichst groß zu machen, ohne $l''u$ zu berücksichtigen. Deshalb betrachten wir bei der Suche nach der Kante kij nur jene Kanten, für die in der reduzierten Matrix $dij=0$ gilt. Unter diesen wählen wir jene aus, für die

$$\min d i' j + \min d i j'$$

maximal wird.

In unserem Beispiel sieht das so aus: Wir tragen in jedem Feld mit $dij=0$ den Ausdruck (323.3) im rechten oberen Eck ein. Das ergibt die Matrix

(323.4)

	1	2	3	4	5	6
1	∞	11	27	0^{10}	14	10
2	1	∞	15	0^{1}	29	24
3	15	13	∞	35	5	0^{5}
4	0^{1}	0^{0}	9	∞	2	2
5	2	41	22	43	∞	0^{2}
6	13	0^{0}	0^{9}	4	0^{2}	∞

Auszuwählen ist daher die Kante $k14$.

So vereinfachen wir nach und nach die ursprünglich gegebene Matrix, bis wir bei der optimalen Rundreise angelangt sind. Da wir, wie schon gesagt, im Lauf der Zeit viele Fälle evident halten müssen, stehen wir auch jedesmal vor der Wahl, welchen Fall wir weiter verfolgen sollen. Wir entscheiden uns jedesmal für den mit der kleinsten unteren Schranke, da wir dort die größten Aussichten haben, die optimale Rundreise zu erhalten. Erläutern wir alles nochmals am Beispiel

	1	2	3	4	5	6
1	∞	27	43	16	30	26
2	7	∞	16	1	30	25
3	20	13	∞	35	5	0
4	21	16	25	∞	18	18
5	12	46	27	48	∞	5
6	23	5	5	9	5	∞

1. Schritt: Reduzieren.

Wie bereits ausgeführt, liefert dies die Matrix (323.4) und $l'u=48$. Der bisherige Entscheidungsbaum ist in der Abb. 323.2 wiedergegeben.

Abb. 323.2

2. Schritt: Auswahl von kij.

Wie bereits ausgeführt, wählen wir $k14$. Wegen $\min(d1j' + di'4) = 10$ wird die untere Schranke im Fall $\overline{k14}$

$$lu = 48 + 10 = 58.$$

Die untere Schranke im Fall $k14$ ermitteln wir so: Wir streichen in der Matrix Zeile 1 und Spalte 4 und setzen $d41 = \infty$. Das liefert

	1	2	3	5	6
2	1	∞	15	29	24
3	15	13	∞	5	0
4	∞	0	9	2	2
5	2	41	22	∞	0
6	13	0	0	0	∞

Reduktion der ersten Zeile um 1 gibt die Matrix

	1	2	3	5	6
2	0^{16}	∞	14	28	23
3	15	13	∞	5	0^{5}
4	∞	0^{2}	9	2	2
5	2	41	22	∞	0^{2}
6	13	0^{0}	0^{9}	0^{2}	∞

und den Entscheidungsbaum (Abb. 323.3).

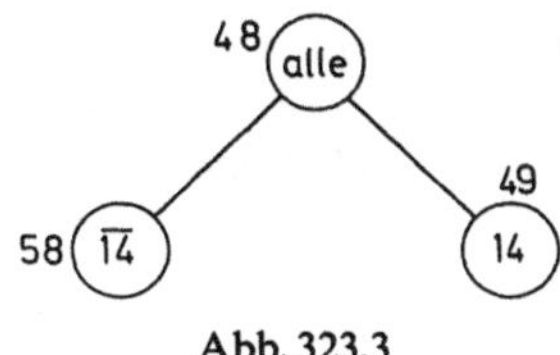

Abb. 323.3

Der Fall „alle" ist damit erledigt, weiter verfolgen müssen wir die beiden Fälle $\overline{k14}$ und $k14$, die den Endknoten des Baumes entsprechen. Wir entscheiden uns für den Fall $k14$ mit der kleineren unteren Schranke.

3. Schritt: Auswahl von kij.

Wir wählen die Kante $k21$. Im Fall $\overline{k21}$ wird die untere Schranke 65, im Fall $k21$ enthalten die betrachteten Rundreisen die Kanten $k21$

und $k14$, also den Weg $P2\ P1\ P4$, so daß die Kante $k42$ verboten werden muß. Das liefert die Matrix

	2	3	5	6
3	13	∞	5	0
4	∞	9	2	2
5	41	22	∞	0
6	0	0	0	∞

Reduktion in der Zeile mit der Nr. 4 bringt die Matrix

	2	3	5	6
3	13	∞	5	0^{5}
4	∞	7	0^{0}	0^{0}
5	41	22	∞	0^{22}
6	0^{13}	0^{7}	0^{0}	∞

und den Baum (Abb. 323.4).

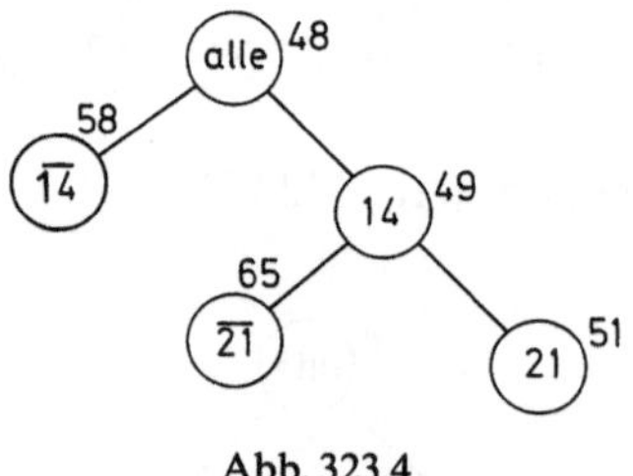

Abb. 323.4

4. Schritt: Auswahl von kij.

Unter den drei möglichen Fällen entscheiden wir uns für den mit der kleinsten unteren Schranke 51 und wählen die Kante $k56$, das liefert die Matrix

	2	3	5
3	13	∞	5
4	∞	7	0
6	0	0	∞

bzw. die reduzierte Matrix

	2	3	5
3	8	∞	0^8
4	∞	7	0^7
6	0^8	0^7	∞

sowie den Baum (Abb. 323.5).

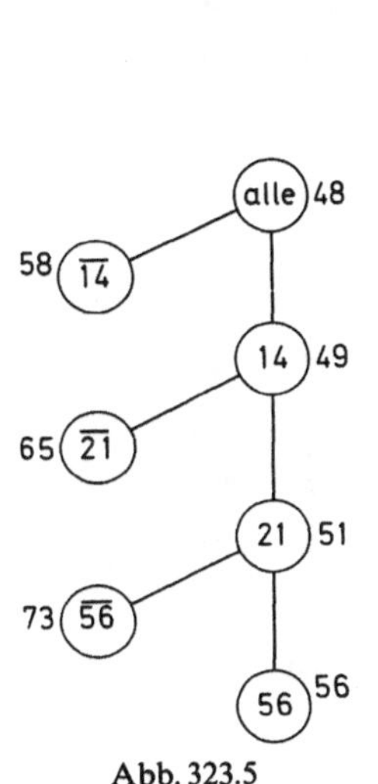

Abb. 323.5

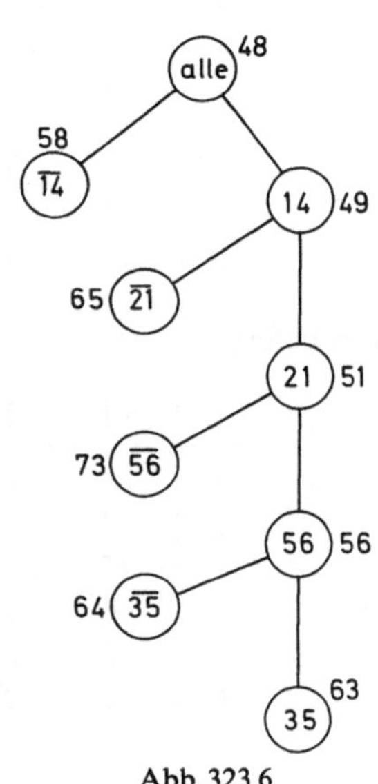

Abb. 323.6

5. Schritt:

Wir verfolgen den Fall mit $lu = 56$ weiter.

Wir haben die Wahl zwischen $k35$ und $k62$. Wir entscheiden uns willkürlich für $k35$. Da nun auch der Weg $P3\,P5\,P6$ der ausgewählten Rundreise R angehört, setzen wir noch $d63 = \infty$

	2	3
4	∞	7
6	0	∞

Reduktion liefert

	2	3
4	∞	0
6	0	∞

und den Baum (Abb. 323.6).

6. Schritt:

Die kleinste untere Schranke ist 58. Wir haben nun erstmals einen Fall $\overline{kij}$ weiter zu verfolgen. Dazu müssen wir die bisher geleistete Arbeit für den Augenblick liegen lassen und wieder auf die Matrix aus dem ersten Schritt zurückgehen. Dort ist $k14=\infty$ zu setzen, und wir bekommen

	1	2	3	4	5	6
1	∞	11	27	∞	14	10
2	1	∞	15	0	29	24
3	15	13	∞	35	5	0
4	0	0	9	∞	2	2
5	2	41	22	43	∞	0
6	13	0	0	4	0	∞

Reduktion liefert

	1	2	3	4	5	6
1	∞	1	17	∞	4	0^{1}
2	1	∞	15	0^{5}	29	24
3	15	13	∞	35	5	0^{5}
4	0^{1}	0^{0}	9	∞	2	2
5	2	41	22	43	∞	0^{2}
6	13	0^{0}	0^{9}	4	0^{2}	∞

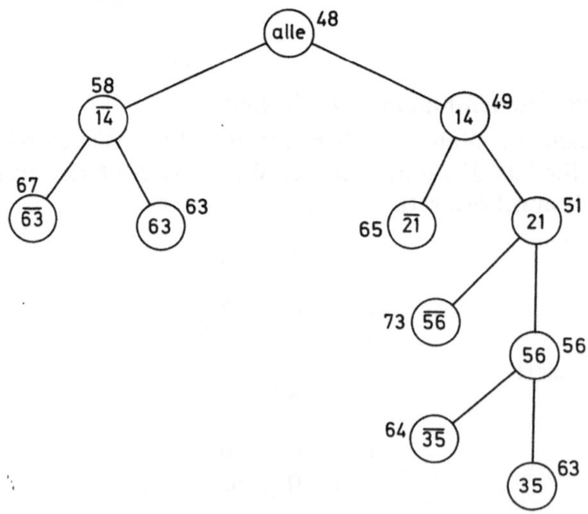

Abb. 323.7

und nochmals die uns bereits bekannte untere Schranke $48+10=58$ für $\overline{k14}$. Wir wählen $k63$ und bekommen

	1	2	4	5	6
1	∞	1	∞	4	0
2	1	∞	0	29	24
3	15	13	35	5	∞
4	0	0	∞	2	2
5	2	41	43	∞	0

nebst

	1	2	4	5	6
1	∞	1	∞	4	0
2	1	∞	0	29	24
4	10	8	∞	0	∞
5	0	0	∞	2	2
6	2	41	43	∞	0

und dem Baum (Abb. 323.7).

7. Schritt:

Wir verfügen nun an zwei Stellen des Entscheidungsbaums über die Schranke $lu=63$. Es sind dies die Fälle

a) $\overline{14}$, 63 und

b) 14, 12, 56, 35.

Im Fall a) wurde also erst eine Kante festgelegt, im Fall b) sind es deren vier. Daher ziehen wir den Fall b) vor und greifen auf die Matrix aus dem fünften Schritt zurück:

	2	3
4	∞	0
6	0	∞

Wir wählen die Kante $k43$, womit die weitere Kante $k62$ festgelegt ist. Im Fall $\overline{k43}$ ist keine Rundreise endlicher Länge möglich. Der Baum lautet daher (Abb. 323.8). Damit ist zum erstenmal eine vollständige Rundreise gefunden, nämlich die mit den Kanten (62, 43, 35, 56, 21, 14). Die Rundreise lautet daher, wenn wir etwa mit $P1$ beginnen, $P1\ P4\ P3\ P5\ P6\ P2$ und zurück nach $P1$. Ihre Länge ist 63. Alle übrigen Fälle, die noch untersucht werden müssen, liefern aber Rundreisen, deren Länge 63 oder mehr ist. In unserem Fall ist die gefundene Rundreise also optimal, und die Aufgabe ist gelöst.

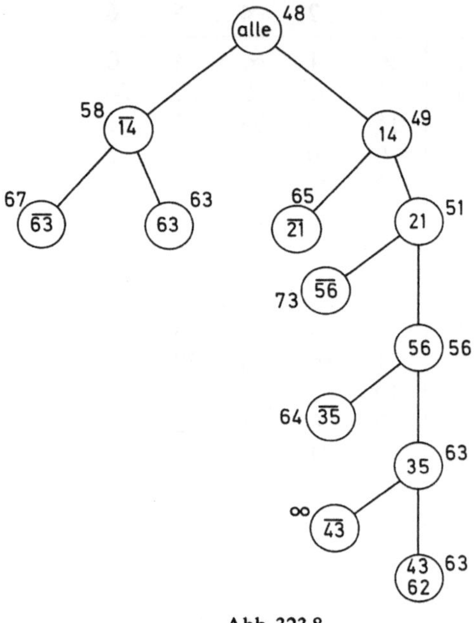

Abb. 323.8

324 Der Algorithmus

Bei Problemen mit großem n reicht der Speicherplatz eines Rechenautomaten nicht aus, um sämtliche Matrizen zu speichern, die im Lauf der Rechnung auftreten. Daher können wir immer dann, wenn wir im Entscheidungsbaum nicht beim zuletzt bearbeiteten Knoten fortfahren, sondern an eine andere Stelle springen, nicht auf früher berechnete Matrizen zurückgreifen. Wir können nur den Baum selbst speichern und müssen die Matrizen jedesmal neu berechnen, indem wir berücksichtigen, welche Kanten enthalten bzw. nicht enthalten sein müssen. Dies ist zwar möglich, aber zeitraubend. Daher empfehlen die Autoren von [42], nicht den Fall mit der kleinsten unteren Schranke zu verfolgen, sondern immer die zuletzt erhaltene Matrix so lange weiter zu bearbeiten, solange das nicht offensichtlich sinnlos ist. Bildlich gesprochen heißt das, daß wir im Entscheidungsbaum stets nach rechts weitergehen, bis wir bei einer kompletten Rundreise angelangt sind. Anschließend wird der Fall mit der kleinsten unteren Schranke aufgegriffen, die Matrix mühsam gebildet, und dann geht es wieder bis zu einer kompletten Rundreise weiter. Offensichtlich sinnlos wird das Verfahren des Nach-rechts-Gehens dann, wenn die untere Schranke bereits größer ist als die Länge einer schon gefundenen Rundreise, so daß das Ergebnis nicht mehr optimal sein kann. In diesem Fall braucht nicht bis zu einer kompletten Rundreise fortgesetzt zu werden, und die Betrachtung des nächsten Falles mit der kleinsten unteren Schranke wird sofort in Angriff genommen.

Algorithmus 7

Damit gelangen wir zu folgendem ALGOL-Programm, das wir als Prozedur formulieren (Hausch-Knödel).

$n \geqq 3$ Anzahl der Orte einschließlich Anfangs = End-Station

$d[i,j]$ $i,j=1(1)n$: Matrix der Entfernungen zwischen Ort i und Ort j in der Anordnung

$$d11, d12, d13, \ldots, d1n, d21, d22, \ldots, dn\,n-1, dnn.$$

Die Elemente $d\,i\,i$ sind beliebig und für die Rechnung ohne Bedeutung.

$n2$	Anzahl der für das Feld k (s. unten) verfügbaren Zeilen zu je fünf Speicherplätzen
$c[i,j]$	aktuelle Matrix
$n1$	Zeilen- und Spaltenanzahl der aktuellen Matrix
$i, i1$	Zeilenindizes
$j, j1$	Spaltenindizes
$j2$	Index der bisher kürzesten Rundreise im Feld k
nr	Index der laufenden Eintragung im k-Feld
$p, p1$	feste Zeile
$q, q1$	feste Spalte
$k[nr, 1]$	p
$k[nr, 2]$	q
$k[nr, 3]$	Vorgänger, Vorzeichen: + im „Ja"-Zweig, – im „Nein"-Zweig
$k[nr, 4]$	Nein-Schranke, Vorzeichen: + falls kein Nachfolger existiert, – falls Nachfolger existiert
$k[nr, 5]$	Ja-Schranke
a, e	Anfang, Ende
v, x, y	Nummern von Vorgängern
h	Summe der Reduzierkonstanten
m	Minimum aus Zeile oder Spalte beim Reduzieren
w	Minimum der $k[nr, 4]$ und $k[nr, 5]$ beim Aufsuchen einer neuen Verzweigung
$t, t1$	Maximum beim Setzen einer Kante
l	aktuelle Schranke nach oben.

Verlangt werden:

n, Matrix (dij).

work Prozedur zur Ausgabe von Zwischenergebnissen. Der Parameter *l* hat bei Aufruf von *work* den Wert der letzten berechneten Rundreise. Die Werte der *l* müssen monoton fallen. Procedure head: **procedure** *work* (*l*) ; **value** *l* ; **real** *l* ;

Geliefert werden:

l Länge der optimalen Rundreise, vom Anfangsort bis wieder zurück.

tour Feld *tour* [1:*n*] mit den Nummern der Orte in optimaler Reihenfolge. Die Rundreise ist optimal in der Reihenfolge *tour* [1], *tour* [2], ..., *tour* [*n*], *tour* [1]. Falls mehrere optimale Lösungen existieren, wird eine willkürlich ausgewählte berechnet.

Falls $n<3$ ist, erfolgt die Fehlermeldung

RUNDRE, *N* LESS 3.

Falls ein $dij<0$ ist ($i \neq j$), erfolgt die Fehlermeldung

RUNDRE, ENTF. NEG.

Falls der freie Arbeitsspeicher nicht ausreicht, erfolgt die Fehlermeldung

VORGESEHENER SPEICHERPLATZ VERBRAUCHT

und die

BISHER BESTE RUNDREISE

wird ausgedruckt. Anschließend wird das Programm jeweils abgebrochen.

```
procedure rundreise (n, d, l, tour, work) ;
value n ; integer n ; real l ; array d, tour ; procedure work ;
begin
integer n1, i, j, i1, j1, j2, p, q, p1, q1, a, e, nr, v, x, y, n2 ;
real w, h, m, t, t1, g; array c [0:n, 0:n] ;
procedure dump; code ;
comment: falls die Prozedur dump nicht verfügbar ist, müssen in
   der Prozedur Setzen die beiden Befehle, die dump enthalten, ge-
   strichen werden. Es muß dann sicher sein, daß n≧3 ist und alle
   Entfernungen positiv sind.
```

```
procedure reduzieren ;
begin h:=0 ;
for i:=1 step 1 until n 1 do
begin m:=g ;
for j:=1 step 1 until n1 do
if c[i,j]<m then m:=c[i,j] ;
if m>0 then
begin for j:=1 step 1 until n1 do
c[i,j]:=c[i,j]-m ; h:=h+m ;
end ;
end ;
for j:=1 step 1 until n1 do
begin m:=g ;
for i:=1 step 1 until n1 do
if c[i,j]<m then m:=c[i,j] ;
if m>0 then
begin
for i:=1 step 1 until n1 do
c[i,j]:=c[i,j]-m ;
h:=h+m ;
end ;
end ;
end ;

procedure setzen ;
begin for i:=1 step 1 until n do
begin c[i,0]:=i ; c[i,i]:=g ;
for j:=1 step 1 until i-1, i+1 step 1 until n do
c[i,j]:=d[i,j] ;
end ;
for j:=1 step 1 until n do
c[0,j]:=j ; n1:=n ;
end ;

if n<3 then dump ('rundre, n less 3') ;
g:=1 ;
for i:=1 step 1 until n do
for j:=1 step 1 until i-1, i+1 step 1 until n do
begin if d[i,j]<0 then dump ('rundre, entf. neg.') ;
g:=g+d[i,j]
end ; g:=g * 1.1 ;
memory (n2); comment: falls die Prozedur memory nicht ver-
fügbar ist, muß für n2 eine untere Schranke für die Anzahl der freien
Arbeitsspeicherplätze eingesetzt werden;
```

```
n2:=entier ((n2-100)/5) ;
begin array k[1:n2, 1:5] ;

procedure loeschen ;
begin n1:=n1-1 ;
for i1:=p1 step 1 until n1 do
for j:=0 step 1 until n1+1 do
c[i1,j]:=c[i1+1,j] ;
for j1:=q1 step 1 until n1 do
for i:=0 step 1 until n1 do
c[i,j1]:=c[i,j1+1] ;
e:=q ;
alpha 5: v:=k[x, 3] ;
beta 5: if v=1 then goto g 5 ;
if v>0 then
begin if k[v, 1]=e then
begin e:=k[v, 2] ; goto alpha 5 ;
end else v:=k[v, 3] ;
end else v:=k[-v, 3] ; goto beta 5 ; g 5: a:=p ;
gamma 5: v:=k[x, 3] ;
delta 5: if v=1 then goto h 5 ;
if v>0 then
begin if k[v, 2]=a then
begin a:=k[v, 1] ; goto gamma 5 ;
end else v:=k[v, 3] ;
end else v:=k[-v, 3] ;
goto delta 5 ;
h 5: for i:=1 step 1 until n 1 do
if c[i, 0]=e then
begin p 1:=i ; goto k 5 ;
end ; p 1:=0 ; q 1:=0 ; goto l 5 ;
k 5: for j:=1 step 1 until n 1 do
if c[0, j]=a then
begin q 1:=j ; goto l 5 ;
end ; p 1:=0 ; q 1:=0 ;
l 5: c[p 1, q 1]:=g ;
end loeschen und vereinbarungsteil ;

l:=g ;
setzen ;
reduzieren ;
k[1, 5]:=h ; x:=1 ; nr:=1 ;
alpha 3: nr:=nr+1 ; t:=-1 ;
```

```
if nr>n2-3 then
begin
write ('vorgesehener speicherplatz verbraucht, bisher beste rundreise:');
goto g8 ; end ;
for i:=1 step 1 until n1 do
for j:=1 step 1 until n1 do
begin if c[i,j]=0 then
begin c[i,j]:=g ; m:=g ;
for i1:=1 step 1 until n1 do
if c[i1,j]<m then m:=c[i1,j] ;
t1:=m ; m:=g ;
for j1:=1 step 1 until n1 do
if c[i,j1]<m then m:=c[i,j1] ;
t1:=t1+m ; c[i,j]:=0 ;
if t<t1 then
begin t:=t1 ; p1:=i ; q1:=j ;
p:=c[i,0] ; q:=c[0,j];
end ;
end ;
end ;
k[nr,1]:=p ;   k[nr,2]:=q ;
k[nr,3]:=x ;
if x>0 then
k[nr,4]:=k[x,5]+t ;
else
begin
k[nr,4]:=k[-x,4]+t ;
k[-x,4]:=-k[-x,4] ;
end ;
x:=nr ;
loeschen ;
reduzieren ;
v:=k[nr,3] ;
if v>0 then k[nr,5]:=k[v,5]+h
else k[nr,5]:=-k[-v,4]+h ;
if k[nr,5]≧l then goto alpha7 ;
if n1>2 then goto alpha3 ;
l:=k[nr,5] ; nr:=nr+1 ;
k[nr,1]:=c[1,0] ;
k[nr,2]:=c[0,2] ;
k[nr,3]:=nr-1 ;
k[nr,4]:=k[nr,5]:=g ;
nr:=nr+1 ;
```

```
k[nr, 1]:=c[2, 0] ;
k[nr, 2]:=c[0, 1] ;
k[nr, 3]:=nr-1 ;
k[nr, 4]:=k[nr, 5]:=g ;
j 2:=nr ;
if c[1, 1]=0 then
begin
k[nr, 2]:=c[0, 2] ;
k[nr-1, 2]:=c[0, 1] ;
end ;
work (l) ;
alpha 7: w:=g ;
for j:=2 step 1 until nr do
if k[j, 4]>0 ∧ k[j, 4]<w then
begin w:=k[j, 4] ; x:= -j ;
end ;
if l≦w then
g 8: begin a:=k[j 2, 1] ;
tour [1]:=a ; e:=k[j 2, 2] ;
tour [2]:=e ; i:=3 ;
alpha 8: v:=k[j 2, 3] ;
beta 8: if v>0 then
begin if k[v, 1]=e then
begin e:=k[v, 2] ;
if e=a then goto end ;
tour [i]:=e ; i:=i+1 ;
goto alpha 8 ;
end else v:=k[v, 3] ;
end else v:=k[-v, 3] ;
goto beta 8 ;
end ;
y:=x ; s:=0 ;
setzen ;
a 10: if x<0 then
begin p:=k[-x, 1] ; q:=k[-x, 2] ;
end else
begin p:=k[x, 1] ; q:=k[x, 2] ;
end ;
for i:=1 step 1 until n 1 do
if c[i, 0]=p then
begin p 1:=i ; goto c 10 ;
end ; p 1:=0 ; q 1:=0 ; goto d 10 ;
c 10: for j:=1 step 1 until n 1 do
```

```
if c[0, j]=q then
begin q 1:=j ; goto d 10 ;
end ;
p 1:=0 ; q 1:=0 ;
d 10: if x<0 then
begin
c[p 1, q 1]:=g ; x:=k[-x, 3] ;
end else
begin
s:=s+c[p1, q1] ;
loeschen ;
x:=k[x, 3] ;
end ;
if x=1 then
begin
reduzieren ;
s:=s+h ;
x:=y ; k[-x, 4]:=s ; goto alpha 3 ;
end else goto a 10 ;
end ;
end: end rundre ;
```

Um die Anwendung der Prozedur Rundreise zu sehen, stellen wir uns folgende Aufgabe:

Die Matrix D der Entfernungen soll eingelesen werden. Die Folge der Rundreise-Längen l soll ausgedruckt werden, ebenso das Ergebnis.

```
begin
integer n ; real l ;
procedure rundreise (n, d, l, tour, work) ;
comment hier ist der rumpf der prozedur rundreise vollständig
   zu vereinbaren ;
read (n) ;
begin array d[1:n, 1:n], tour [1:n] ;
procedure work (l) ;
value l ; real l ;
print (l) ;
read (d) ;
rundre (n, d, l, tour, work) ;
print ('optimale reise', tour) ;
end ;
end ;
```

Mit den Daten:

17,

–, 260, 405, 360, 275, 270, 230, 445, 285, 65, 135, 160, 135, 165,
75, 395, 215, 260, –, 415, 175, 90, 415, 40, 365, 100, 310, 275,
320, 385, 110, 190, 205, 230, 405, 415, –, 250, 335, 155, 380, 185,
320, 425, 275, 615, 350, 450, 485, 295, 250, 360, 175, 250, –, 90,
320, 140, 190, 75, 415, 225, 420, 325, 220, 290, 40, 120, 275, 90,
335, 90, –, 345, 55, 280, 15, 330, 240, 335, 340, 125, 205, 100,
145, 270, 415, 155, 320, 345, –, 380, 385, 360, 290, 140, 435, 225,
325, 305, 360, 200, 230, 40, 380, 140, 55, 380, –, 330, 65, 285,
240, 290, 355, 80, 160, 170, 195, 445, 365, 185, 190, 280, 385, 330,
–, 270, 500, 310, 615, 435, 400, 480, 225, 230, 285, 100, 320, 75,
15, 360, 65, 270, –, 340, 255, 350, 355, 135, 215, 85, 160, 65,
310, 425, 415, 330, 290, 285, 500, 340, –, 165, 165, 130, 215, 130,
445, 270, 135, 275, 275, 225, 240, 140, 240, 310, 255, 165, –, 300,
100, 190, 170, 260, 105, 160, 320, 615, 420, 335, 435, 290, 615, 350,
165, 300, –, 295, 225, 130, 455, 360, 135, 385, 350, 325, 340, 225,
355, 435, 355, 130, 100, 295, –, 285, 205, 360, 205, 165, 110, 450,
220, 125, 325, 80, 400, 135, 215, 190, 225, 285, –, 95, 225, 165,
75, 190, 485, 290, 205, 305, 160, 480, 215, 130, 170, 130, 205, 95,
–, 320, 230, 395, 205, 295, 40, 100, 360, 170, 225, 85, 445, 260,
455, 360, 225, 320, –, 160, 215, 230, 250, 120, 145, 200, 195, 230,
160, 270, 105, 360, 205, 165, 230, 160, –,

erhalten wir die Ergebnisse:

2075
1910
1855 OPTIMALE REISE
17
8
3
6
11
13
10
1
12
15
14
2
7
5
9
16
4

Die Länge der optimalen Rundreise ist also 1855. Es handelt sich dabei um die Städte aus Tabelle 324.1. Das Ergebnis ist in Abb. 324.1 durch eine ausgezogene Kantenfolge wiedergegeben.

Tabelle 324.1. *Entfernungsmatrix von 17 Städten**

	Augsburg	Baden-Baden	Erfurt	Frankfurt	Heidelberg	Hof	Karlsruhe	Kassel	Mannheim	München	Nürnberg	Oberstdorf	Regensburg	Stuttgart	Ulm	Wiesbaden	Würzburg
Augsburg	–	260	405	360	275	270	230	445	285	65	135	160	135	165	75	395	215
Baden-Baden	260	–	415	175	90	415	40	365	100	310	275	320	385	110	190	205	230
Erfurt	405	415	–	250	335	155	380	185	320	425	275	615	350	450	485	295	250
Frankfurt	360	175	250	–	90	320	140	190	75	415	225	420	325	220	290	40	120
Heidelberg	275	90	335	90	–	345	55	280	15	330	240	335	340	125	205	100	145
Hof	270	415	155	320	345	–	380	385	360	290	140	435	225	325	305	360	200
Karlsruhe	230	40	380	140	55	380	–	330	65	285	240	290	355	80	160	170	195
Kassel	445	365	185	190	280	385	330	–	270	500	310	615	435	400	480	225	230
Mannheim	285	100	320	75	15	360	65	270	–	340	255	350	355	135	215	85	160
München	65	310	425	415	330	290	285	500	340	–	165	165	130	215	130	445	270
Nürnberg	135	275	275	225	240	140	240	310	255	165	–	300	100	190	170	260	105
Oberstdorf	160	320	615	420	335	435	290	615	350	165	300	–	295	225	130	455	360
Regensburg	135	385	350	325	340	225	355	435	355	130	100	295	–	285	205	360	205
Stuttgart	165	110	450	220	125	325	80	400	135	215	190	225	285	–	95	225	165
Ulm	75	190	485	290	205	305	160	480	215	130	170	130	205	95	–	320	230
Wiesbaden	395	205	295	40	100	360	170	225	85	445	260	455	360	225	320	–	160
Würzburg	215	230	250	120	145	200	195	230	160	270	105	360	205	165	230	160	–

* Zahlenangaben nach Shell-Autoatlas, 1963.

Wie wenig sich bei dieser Aufgabe durch bloße Zuhilfenahme der Anschauung ausrichten läßt, zeigt sich, wenn wir auf den Besuch der vier Orte Baden-Baden, Erfurt, Oberstdorf und Regensburg verzichten. Die optimale Rundreise entspricht nunmehr der strichlierten Kantenfolge in Abb. 324.1, und wir bemerken, daß für die Strecke Würzburg–Kassel nicht einmal der Durchlaufungssinn erhalten geblieben ist.

Weitere Literatur: [16, 44].

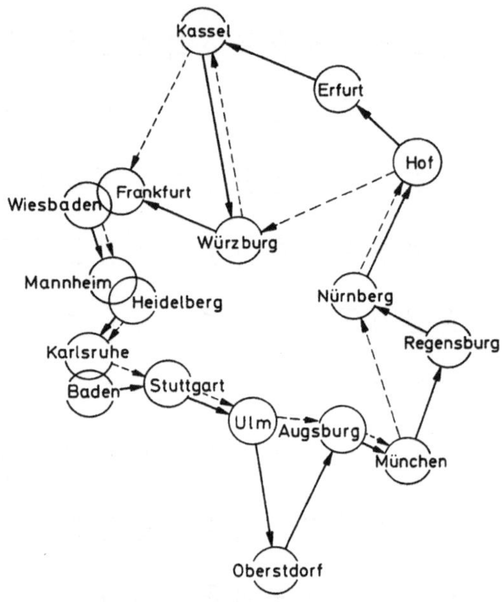

Abb. 324.1

4 Maximaler Fluß

[22] Gegeben ist wieder ein Graph G. Der Wert des Flusses, der in der Zeiteinheit von einer Quelle im Punkt Pa zu einer Senke im Punkt Pe fließt, soll zum Maximum gemacht werden. Die Bewertung der Kanten stellt dabei ihre Kapazität dar. Die Bewertung oder Kapazität eines Kantenzuges K errechnet sich daher als

$$dK = \min_{kij \in K} dij.$$

41 Definitionen

Wir führen zunächst einige neue Begriffe ein:

Als *Fluß* $f = \{fij\}$ in $G(P, K)$ von Pa nach Pe bezeichnen wir ein System von reellen Zahlen fij, $i, j = 1(1)\,n$, mit folgenden Eigenschaften:

$$\sum_j faj - \sum_j fja = v, \tag{41.1}$$

$$\sum_j fij - \sum_j fji = 0 \qquad i \neq a, e, \tag{41.2}$$

$$\sum_j fej - \sum_j fje = -v, \tag{41.3}$$

$$0 \leqq fij \leqq dij \qquad i, j = 1(1)\,n, \tag{41.4}$$

$$fjj = 0 \qquad j = 1(1)\,n. \tag{41.5}$$

In Worten läßt sich dies folgendermaßen interpretieren:

Wir deuten die Zahl fij als die Menge, die in der Zeiteinheit durch die gerichtete Kante kij fließt und fordern:

1. Aus Punkt Pa sollen v Mengeneinheiten mehr herausfließen als hinein. v bezeichnen wir auch als den *Wert* des Flusses.

2. In den Zwischenpunkten sollen die ein- und ausfließenden Mengen gleich sein.

3. In den Punkt Pe sollen v Mengeneinheiten mehr hineinfließen als heraus.

4. Der Wert des Flusses ist nicht negativ. In jeder Kante kann aber höchstens jene Menge fließen, die durch die Kapazität der Kante gegeben ist.

5. Gemäß der Deutung von fij ordnen wir allen nicht vorhandenen Kanten einen Fluß mit dem Wert 0 zu. Insbesondere gilt dies wegen 12 für die Kanten kjj.

Jetzt betrachten wir zwei beliebige Teilmengen $X \subseteqq P$ und $Y \subseteqq P$ und führen die Abkürzung

$$\sum_{\substack{Pi \in X \\ Pj \in Y}} fij = f(X, Y)$$

ein. Falls X oder Y die leere Menge ist, dann wird auch die Summe leer, und ihr Wert ist 0.

(41.6) $$f(\Lambda, Y) = f(X, \Lambda) = 0.$$

Damit lassen sich wegen (41.5) die Beziehungen (41.1) bis (41.3) so schreiben:

(41.7) $$f(Pa, P) - f(P, Pa) = v,$$

(41.8) $$f(Pi, P) - f(P, Pi) = 0 \qquad \forall Pi \neq Pa, Pe,$$

(41.9) $$f(Pe, P) - f(P, Pe) = -v.$$

Dabei ist für die einpunktige Menge $\{Pi\}$ die Abkürzung Pi verwendet worden, da Verwechslungen nicht zu befürchten sind. Sinngemäß benützen wir auch für einen Schnitt $S(M, M)$ (siehe 114) die Bezeichnung

$$\sum_{\substack{Pi \in M \\ Pj \in \overline{M}}} dij = d(M, \overline{M})$$

und nennen $d(M, \overline{M})$ die *Kapazität* des Schnittes $S(M, \overline{M})$.

Nach dem oben Gesagten ist anschaulich klar:

Zwischen $Pa \in M$ und $Pe \in \overline{M}$ kann kein Fluß existieren, dessen Wert $d(M, \overline{M})$ übersteigt:

Nur die Kanten kij mit $Pi \in M \wedge Pj \in \overline{M}$ verbinden die Mengen M und $\overline{M}$, und der Wert des Flusses zwischen diesen Mengen und damit zwischen Pa und Pe ist also dadurch begrenzt, daß in jeder Kante zwischen M und $\overline{M}$ der Fluß mit dem höchstmöglichen Wert auftritt. Um auch zu einem formalen Beweis dieser Tatsache zu kommen, müssen wir einige Rechenregeln ableiten.

42 Rechenregeln

Wir beweisen

(42.1) $$f(X, Y\cup Z)=f(X, Y)+f(Y, Z)-f(X, Y\cap Z).$$

Bekanntlich gilt (vgl. [29]): Y, Z und $Y\cup Z$ lassen sich in drei paarweise fremde Mengen A, B und C mit folgenden Eigenschaften zerlegen:

$$\begin{aligned}
&A=Y-Y\cap Z, \quad A\subseteqq Y, \quad A\cap Z=\Lambda,\\
&B=Z-Y\cap Z, \quad B\subseteqq Z, \quad B\cap Y=\Lambda,\\
&C=Y\cap Z, \quad C\subseteqq Y, Z,\\
&A\cap B=B\cap C=C\cap A=\Lambda,\\
&Y=A\cup C,\\
&Z=B\cup C,\\
&Y\cup Z=A\cup B\cup C.
\end{aligned}$$

Gehen wir nun auf die Definition von $f(U, V)$ zurück:

$$\begin{aligned}
f(X, Y)&=\sum_{\substack{Pi\in X\\ Pj\in Y}} fij=\sum_{\substack{Pi\in X\\ Pj\in A}} fij+\sum_{\substack{Pi\in X\\ Pj\in C}} fij,\\
f(X, Z)&=\sum_{\substack{Pi\in X\\ Pj\in Z}} fij=\sum_{\substack{Pi\in X\\ Pj\in B}} fij+\sum_{\substack{Pi\in X\\ Pj\in C}} fij,\\
f(X, Y\cap Z)&=\sum_{\substack{Pi\in X\\ Pj\in Y\cap Z}} fij=\sum_{\substack{Pi\in X\\ Pj\in C}} fij,\\
f(X, Y\cup Z)&=\sum_{\substack{Pi\in X\\ Pj\in Y\cup Z}} fij=\sum_{\substack{Pi\in X\\ Pj\in A}} fij+\sum_{\substack{Pi\in X\\ Pj\in B}} fij+\sum_{\substack{Pi\in X\\ Pj\in C}} fij.
\end{aligned}$$

Betrachten wir die rechten Seiten:

Zeile 1 vermehrt um Zeile 2, vermindert um Zeile 3, ergibt Zeile 4. Daher gilt diese Beziehung auch für die linken Seiten, w.z.b.w.

Ebenso zeigt man

(42.2) $$f(Y\cup Z, X)=f(Y, X)+f(Z, X)-f(Y\cap Z, X).$$

Für fremde Y und Z erhalten wir aus $Y\cap Z=\Lambda$ und (41.6)

(42.3) $$\begin{aligned}
f(X, Y\cup Z)&=f(X, Y)+f(X, Z),\\
f(Y\cup Z, X)&=f(Y, X)+f(Z, X).
\end{aligned}$$

Jetzt wollen wir den am Schluß von 41 formulierten Satz beweisen. In Zeichen lautet er

$$v\leqq d(M, \overline{M}).$$

Wir beweisen ihn in der folgenden Form

$$v = f(M, \overline{M}) - f(\overline{M}, M) \leqq d(M, \overline{M}). \tag{42.4}$$

Zunächst schreiben wir die Gl. (41.8) für alle $Pi \in M$ an und addieren alle diese Gleichungen zu (41.7). Dann erhalten wir wegen $Pa \in M$

$$f(M, P) - f(P, M) = v.$$

Nun verwenden wir

$$P = M \cup \overline{M}, \qquad M \cap \overline{M} = \Lambda$$

und erhalten nach (42.3)

$$f(M, M) + f(M, \overline{M}) - f(M, M) - f(\overline{M}, M) = v.$$

Damit ist die Gleichung in (42.4) gezeigt. Dann folgt aus (41.4)

$$f(M, \overline{M}) \leqq d(M, \overline{M})$$

und

$$f(\overline{M}, M) \geqq 0.$$

Damit ist alles gezeigt.

43 Der Hauptsatz

Wir beweisen nun den *Satz vom maximalen Fluß und vom minimalen Schnitt: Der maximale Wert des Flusses zwischen Pa und Pe ist gleich der minimalen Kapazität aller Schnitte zwischen Pa und Pe.*

Beweis: Wegen (42.4) ist der maximale Wert jedes Flusses höchstens gleich der Kapazität jedes Schnittes. Es genügt daher, *einen* Fluß und *einen* Schnitt anzugeben für den

$$v = d(M, \overline{M})$$

gilt. Wieder aufgrund von (42.4) hat ein Fluß f mit

$$\begin{aligned} f(M, \overline{M}) &= d(M, \overline{M}), \\ f(\overline{M}, M) &= 0 \end{aligned} \tag{43.1}$$

die gewünschte Eigenschaft. Wir finden diesen Fluß so: Wir gehen von einem beliebigen Fluß f aus. Ein solcher Fluß existiert immer, da z.B. die Zahlen

$$fij = 0 \qquad i, j = 1(1)n$$

die Gln. (41.1) bis (41.5) mit $v = 0$ befriedigen und daher einen Fluß darstellen.

Nun unterscheiden wir zwei Typen:

1. Auf jeder Bahn zwischen Pa und Pe gibt es mindestens eine Kante kij mit $fij = dij \wedge fji = 0$.

2. Dies ist nicht der Fall.

Eine Kante mit $fij = dij \wedge fji = 0$ nennen wir *gesättigt*, eine Kante, für die dies nicht der Fall ist, also $fij < dij \vee fji > 0$ gilt, *ungesättigt*. Eine Bahn, die mindestens eine gesättigte Kante enthält, heißt ebenfalls *gesättigt*. Andernfalls heißt die Bahn *ungesättigt*. Ein Fluß vom Typ 1 heißt auch gesättigter Fluß, ein Fluß vom Typ 2 heißt ungesättigter Fluß. Ein Fluß vom Typ 1 enthält also nur gesättigte Bahnen von Pa nach Pe. Bei einem Fluß vom Typ 2 gibt es mindestens eine ungesättigte Bahn von Pa nach Pe. Das heißt, bei einem Fluß vom Typ 2 existiert mindestens eine Bahn B von Pa nach Pe mit

(43.2) $$h = \min_{kij \in B}(dij - fij + fji) > 0.$$

Nun konstruieren wir einen neuen Fluß $f^1 = \{f^1 ij\}$ in folgender Weise:

(43.3) Für $kij \in B$ sei $f^1 ij = fij + \min(h, dij - fij)$ und $f^1 ji = fji + f^1 ij - fij - h$,

was nach (43.2) stets möglich ist. In allen übrigen Fällen gelte $f^1 ij = fij$. Wir überzeugen uns leicht, daß f^1 die Gln. (41.1) bis (41.5) erfüllt, also ein Fluß ist. Hatte der Fluß f den Wert v, dann besitzt der Fluß f^1 den Wert $v^1 = v + h$. Für diesen neuen Fluß f^1 ist eine Kante aus B und daher auch die Bahn B selbst gesättigt. Nun sehen wir zu, ob f^1 ein Fluß vom Typ 1 ist. Wenn das nicht der Fall ist, suchen wir wieder eine ungesättigte Bahn auf und konstruieren abermals einen größeren Fluß und so fort. Dieses Verfahren bricht nach endlich vielen Schritten ab, da bei jedem Schritt mindestens eine Kante gesättigt wird und ein endlicher Graph nur endlich viele Kanten enthalten kann. Wir können also zu jedem Fluß vom Typ 2 einen Fluß vom Typ 1 konstruieren. Wir nennen diesen Fluß

$$\varphi = \{\varphi ij\} \qquad i, j = 1(1)n$$

und seinen Wert V. Nach Konstruktion besitzt er die Eigenschaft:

In jeder Bahn von Pa nach Pe existiert mindestens eine Kante kij mit

(43.4) $$\varphi ij = dij \wedge \varphi ji = 0 \qquad \text{(Typ 1)}.$$

Zu diesem Fluß konstruieren wir einen Schnitt $S(M, \overline{M})$ zwischen Pa und Pe in folgender Weise:

Zu M gehören alle Punkte Pr, die sich mit Pa durch eine Bahn $B1$ verbinden lassen, für die gilt:

(43.5) $$kij \text{ ungesättigt für alle } kij \in B1.$$

Punkte Ps, die auf Grund dieser Konstruktion nicht zu M gehören, sollen zu $\overline{M}$ zählen.

Als Nächstes benötigen wir den Hilfssatz: $Pe \in \overline{M}$.

Den Beweis des Hilfssatzes führen wir indirekt: Die Annahme $Pe \in M$ hat nach der Definition von M zur Folge: Es gibt eine Bahn von Pa nach Pe, für die alle Kanten ungesättigt sind, was den gewünschten Widerspruch zu (43.4) darstellt. Daher ist durch $M, \overline{M}$ ein Schnitt zwischen Pa und Pe definiert.

Für jede beliebige Kante krs mit $Pr \in M$, $Ps \in \overline{M}$ gilt:

a) Es gibt eine Bahn $B(a, r)$, längs deren Kanten (43.5) gilt.

b) In jeder Bahn von Pa nach Ps gibt es mindestens eine Kante, für die (43.4) gilt.

Daher gibt es auch in der Bahn $B(a, r, s)$ mindestens eine Kante, für die (43.4) gilt. Längs der Kanten zwischen Pa und Pr kann dies nach a) nicht der Fall sein. Daher muß es für die Bahn $B(r, s)$, die aus der einzigen Kante krs besteht, zutreffen:

$$\begin{aligned} \varphi rs &= drs \\ \varphi sr &= 0. \end{aligned} \tag{43.6}$$

Wir summieren (43.6) über alle Kanten, die M und M verbinden und erhalten unter Beachtung der Abkürzungen aus 41

$$\varphi(M, \overline{M}) = d(M, \overline{M}),$$
$$\varphi(\overline{M}, M) = 0,$$

so daß wir nach (43.1) den maximalen Fluß gefunden haben.

44 Ein Beispiel

Betrachten wir als Beispiel das Netz (Abb. 44.1).

Neben jeder Kante steht im Fettdruck ihre Kapazität, im Normaldruck ein Fluß mit dem Wert 1. Kanten mit der Kapazität 0 sind nicht eingezeichnet. Der Fluß ist ungesättigt, da die Bahn $Pa\ Pj\ Pi\ Pe$ ungesättigt ist. Wir ermitteln

$$h = \min(3-0+0,\ 1-0+1,\ 3-0+0) = 2$$

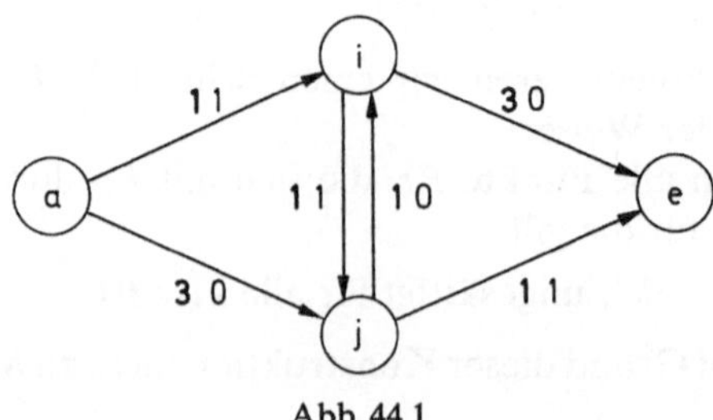

Abb. 44.1

und damit nach 43.3 den Fluß (Abb. 44.2) vom Typ 1 mit dem Wert 3. Dieser Fluß ist gesättigt, also ein maximaler Fluß. Der zugehörige minimale Schnitt wird so gefunden: Wir ermitteln zuerst M:

$$Pa \in M,$$

$$3 > 2 \Rightarrow Pj \in M.$$

Pi und Pe sind weder von Pa noch von Pj über eine ungesättigte Kante zu erreichen. Daher besteht $\overline{M}$ aus den Punkten Pi und Pe und der Schnitt aus den Kanten kai, kji und kje mit der Kapazität $1+1+1=3$.

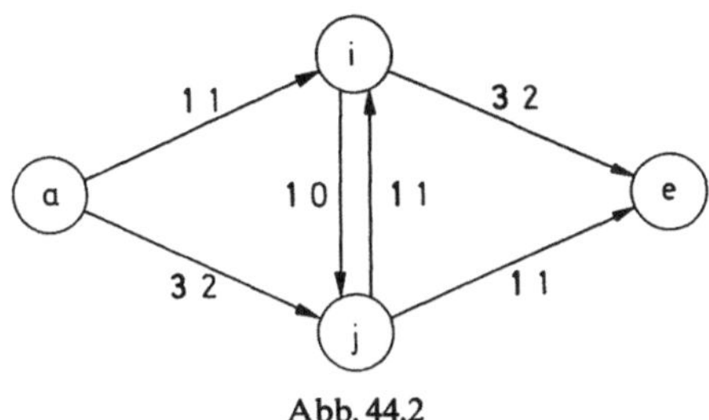

Abb. 44.2

45 Der Algorithmus für den maximalen Fluß

Der Beweis des Hauptsatzes in 43 gibt gleichzeitig ein Verfahren an, wie der maximale Fluß effektiv konstruiert werden kann. Wir gelangen so zum

Algorithmus 8

wobei folgende Bezeichnungen verwendet wurden:

- n Anzahl der Knoten
- z Anzahl der Kanten
- $i,j=1(1)n$ ... laufende Indizes der Knoten
- $ij=1(1)z$ ... laufender Index der Kanten
- a Nr. des Anfangspunktes
- e Nr. des Endpunktes
- v Wert des Flusses
- $d[i,j]$ Kapazität der Kante $Pi\,Pj$
- $f[i,j]$ Fluß in der Kante $Pi\,Pj$
- fij Abkürzung für $f[i,j]$
- $h1$ Abkürzung für $d[i,j]-f[i,j]$
- h freie Kapazität längs eines betrachteten Weges
- $p[i]$ Vorgänger von Pi auf einem betrachteten Weg.

Verlangt werden:

n, z
$i, j, d[i,j]$ für alle $d[i,j] > 0$,
a, e;

geliefert werden:

v
$i, j, d[i,j], \varphi[i,j], d[i,j] - \varphi[i,j]$ für alle $d[i,j] > 0$.

Das Programm lautet:

```
begin
integer n, z, i, j, ij, a, e ;
real v, h, h1, fij ;
read (n, z) ;
v:=0 ;
begin
array d[1:n, 1:n],
f[1:n, 1:n],
p[1:n] ;
for i:=1 step 1 until n do
for j:=1 step 1 until n do
d[i,j]:=f[i,j]:=0 ;
for ij:=1 step 1 until z do
read (i, j, d[i,j]) ;
read (a, e) ;
epsilon: for i:=1 step 1 until n do p[i]:= -2 ;
p[a]:= -1 ;
alpha:
for i:=1 step 1 until n do
if p[i]≠ -2 then
for j:=1 step 1 until n do
if d[i,j]-f[i,j]+f[j,i]>0 ∧ p[j]= -2 then
begin
p[j]:=i ;
if j=e then
go to beta ;
go to alpha ;
end wegesuchen ;
go to fi ;
beta: i:=e ;
h:=₁₀10 ;
gamma: j:=i ;
```

```
if j=a then go to psi ;
i:=p[i] ;
h1:=d[i,j]-f[i,j]+f[j,i] ;
if h1<h then h:=h1 ;
go to gamma ;
psi: v:=v+h ;
i:=e ;
delta: j:=i ;
if j=a then go to epsilon ;
i:=p[i] ;
if h<d[i,j]-f[i,j] then
f[i,j]:=f[i,j]+h
else
begin
fij:=f[i,j] ;
f[i,j]:=d[i,j] ;
f[j,i]:=f[j,i]+d[i,j]-fij-h ;
end ;
go to delta ;
fi: print (v) ;
for i:=1 step 1 until n do
for j:=1 step 1 until n do
if d[i,j]≠0 then
print (i,j,d[i,j],f[i,j],d[i,j]-f[i,j]) ;
end ;
end ;
```

46 Lineare Optimierung

Leichter überschaubar wird das Problem vom maximalen Fluß, wenn wir es als lineare Optimierungsaufgabe (*LP*) formulieren: Wir fassen (41.1) bis (41.5) als *LP* auf. v soll gemäß (41.1) zu einem Maximum gemacht werden. Dabei sind die Nebenbedingungen (41.2), (41.4) und (41.5) einzuhalten. (41.3) ist automatisch erfüllt. Eine verbale Deutung dieser Bedingungen findet sich in Abschnitt 4.1.

Die Existenz eines maximalen Flusses folgt nun für den mit der Technik der linearen Optimierung (vgl. etwa [27]) vertrauten Leser daraus, daß einerseits die zulässige Lösung $fij=0$ existiert, andererseits mit fij auch v beschränkt sein muß. Auch der Hauptsatz vom maximalen Fluß und minimalen Schnitt läßt sich auf diese Weise aus dem Dualitätsprinzip der linearen Optimierung gewinnen [27, S. 12].

Für die praktische Rechnung dürfte Algorithmus 8 besser geeignet sein als die Anwendung der linearen Optimierung. Bei umfangreichen Netzen, bei denen der Speicherbedarf eine Rolle spielt, ist auch zu beachten, daß der Speicherbedarf von Algorithmus 8 die Größenordnung $2n^2$ besitzt, der Speicherbedarf des *LP* dagegen die Größenordnung $(n+z)\cdot z$.

47 Zurückführung auf kürzeste Wege

Alles in allem ist die Berechnung des maximalen Flusses umständlicher als die Berechnung der kürzesten Wege nach Algorithmus 4. Es ist deshalb interessant, daß es einen Spezialfall gibt, in welchem sich die erstgenannte Aufgabe in die zweite überführen läßt.

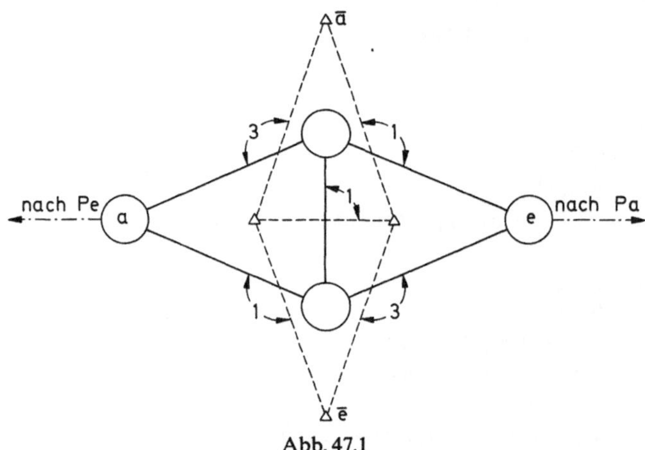

Abb. 47.1

Wir betrachten einen nicht gerichteten Graphen G und fügen eine Kante hinzu, die die Quelle Pa mit der Senke Pe verbindet (vgl. Abb. 47.1, in welcher G ausgezogen, die hinzugefügte Kante aber strichpunktiert ist). Falls der so erzeugte Graph G^* eben ist, dann läßt sich ein *dualer Graph* $\bar{G}^*$ [10, S. 213] finden. (Seine Knoten wurden in Abb. 47.1 durch △ markiert, seine Kanten sind strichliert eingezeichnet.) Wir setzen in jede Masche von G^* einen Knoten von $\bar{G}^*$. Jeder Kante Kij von G entspricht eine Kante $\bar{K}ij$ von $\bar{G}^*$, die Kij schneidet und die Knoten in den Maschen an ihren beiden Seiten verbindet. Dabei ist ausdrücklich nur von den Kanten von G die Rede. Der hinzugefügten Kante $Pa\,Pe$, durch die G zu G^* ergänzt wurde, entspricht keine Kante von $\bar{G}^*$. In $\bar{G}^*$ nehmen also jene beiden Knoten eine ausgezeichnete Stellung ein, die durch die Kante $Pa\,Pe \in G^*$ getrennt werden. Wir nennen diese Knoten in willkürlicher Reihenfolge $\bar{P}a$ und $\bar{P}e$. Zuletzt erhält jede Kante $\bar{K}ij \in \bar{G}^*$ die Bewertung der entsprechenden Kante $Kij \in G$:

$$\bar{d}ij = dij. \tag{47.1}$$

In Abb. 47.1 sind diese Bewertungen bereits eingetragen.

Jedem Weg $\bar{W}$ von $\bar{P}a$ nach $\bar{P}e$ mit den Kanten $\bar{K}ij \in \bar{W}$ ist nun eine Menge S von entsprechenden Kanten Kij zugeordnet. Der Anschauung entnehmen wir, daß die Menge S einen Schnitt zwischen Pa und Pe bildet. Die Kapazität des Schnitts S errechnet sich zu

$$Cs = \sum_{Kij \in S} dij,$$

was sich nach (47.1) auch als

$$Cs = \sum_{\bar{K}ij \in \bar{W}} \bar{d}ij$$

ausdrücken läßt. Die Kapazität von S ist also gleich der Länge des entsprechenden Wegs von $\bar{P}a$ nach $\bar{P}e$. Damit entspricht dem minimalen Schnitt zwischen Pa und Pe der kürzeste Weg zwischen $\bar{P}a$ und $\bar{P}e$. Nach dem Satz vom minimalen Schnitt und vom maximalen Fluß ist die Kapazität des minimalen Schnitts aber gleich dem Wert des maximalen Flusses F.

Unter den über G getroffenen Annahmen gelangen wir also zu folgender Vorschrift für die Berechnung des Werts von F: Wir konstruieren aus G den Graphen G^* und den dualen Graphen $\bar{G}^*$. In $\bar{G}^*$ bestimmen wir den kürzesten Weg von $\bar{P}a$ nach $\bar{P}e$. Seine Länge L ist gleich der Kapazität des minimalen Schnitts zwischen Pa und Pe und damit auch dem Wert des maximalen Flusses zwischen Pa und Pe.

Soll nicht nur der Wert des Flusses bestimmt, sondern auch der Fluß selbst angegeben werden, dann sind zunächst alle Kanten, die im minimalen Schnitt enthalten sind, mit ihrer maximalen Kapazität zu belasten. Darauf muß der Fluß in den übrigen Kanten so gewählt werden, daß die Gl. (41.1) bis (41.5) erfüllt sind. Dies ist im allgemeinen auf mehr als eine Weise möglich. Will man dafür einen Algorithmus angeben, so wird man im wesentlichen wieder auf Algorithmus 8 geführt, freilich angewendet nur auf einen Teilgraphen von G.

Alles in allem läßt sich sagen, daß sich die Zurückführung des Problems des maximalen Flusses auf das Problem der kürzesten Wege höchstens dann lohnt, wenn nur der Wert des maximalen Flusses bestimmt werden soll, nicht aber der Fluß selbst.

Weitere Literatur: [36, 51, 23—26, 56].

5 Phasenfolgen an Kreuzungen

An signalgesteuerten Kreuzungen und Einmündungen werden die Verkehrsströme geregelt, die über diese Kreuzung führen. Zum Beispiel sind bei der Kreuzung Abb. 5.1 acht Verkehrsströme beteiligt, die wir der Reihe nach durchnumeriert haben. Etwa Verkehrsstrom Nr. 6 besteht aus Fußgängern, die den eingezeichneten Überweg benützen. Durch Verkehrsampeln werden die Verkehrsströme in periodischem Ablauf freigegeben oder gesperrt. Wir bezeichnen die Zeiten, an denen einem Verkehrsstrom rot oder gelb signalisiert wird, als *Sperrzeiten*, die Zeiten, an denen grün signalisiert wird, als *Grünzeiten*. In jedem Augenblick ist der Zustand des Ampelsystems durch die Angabe charakterisiert, welche Ströme gesperrt und welche freigegeben sind. Ein derartiger Zustand heißt *Phase*, die Phasen kehren im Zyklus wieder. Eine wichtige Frage

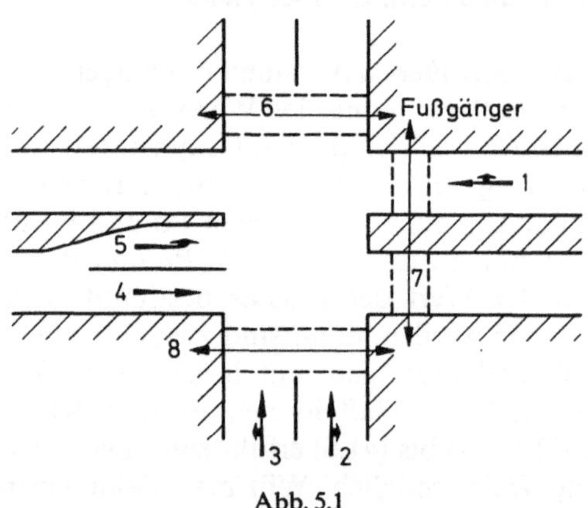

Abb. 5.1

ist die, welche Phasen aus der Vielzahl der vorhandenen Möglichkeiten ausgewählt werden sollen. Die einfachste Wahl ist die, daß im Lauf eines Zyklus jeder Verkehrsstrom einmal freigegeben wird und gleichzeitig alle anderen Verkehrsströme gesperrt werden. Jedoch würde durch dieses Vorgehen die Kapazität der Kreuzung nicht voll ausgenützt. In unserem Beispiel sind etwa die Verkehrsströme 1 und 4 miteinander verträglich: Sie können gleichzeitig fließen, ohne einander gegenseitig zu behindern. Andererseits ist dies für die Ströme 1 und 2 nicht der Fall. Eine bessere Wahl für die Phasenfolge besteht also darin, daß im Lauf eines Zyklus wieder jeder Verkehrsstrom einmal freigegeben wird, daß aber gleichzeitig mit diesem Strom alle anderen Ströme die Freigabe erhalten, die mit diesem Strom und auch untereinander verträglich sind. Bei einem komplizierten Kreuzungsbauwerk kann die Auswahl der paarweise verträglichen Verkehrsströme eine mühsame Aufgabe bedeuten. Wir werden im folgenden einen Algorithmus dafür angeben. Bezüglich aller anderen Probleme, die sich nach Kenntnis der verträglichen Verkehrsströme bei der Auswahl der Phasenfolge anschließen, verweisen wir auf [54].

Wir ordnen jeder Kreuzung oder Einmündung einen *Verträglichkeitsgraphen* zu. Jeder Verkehrsstrom soll dabei einem Knoten des Graphen entsprechen. Je zwei Knoten, die zu verträglichen Verkehrsströmen

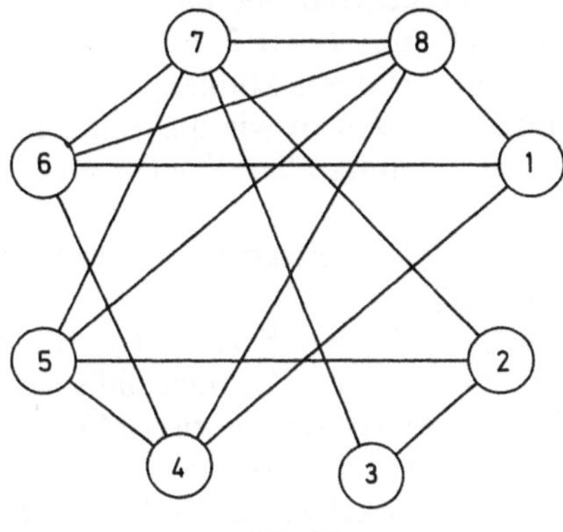

Abb. 5.2

gehören, sollen durch eine Kante miteinander verbunden werden. Für unser Beispiel ist der Verträglichkeitsgraph in Abb. 5.2 wiedergegeben. In üblicher Weise haben wir dabei abbiegenden Kfz-Verkehr als verträglich mit Fußgängerverkehr angesehen (z.B. Ströme 2 und 7). Die Schleifen in jedem Knotenpunkt, die der Tatsache entsprechen, daß jeder Strom mit sich selbst verträglich ist, haben wir nicht eingezeichnet.

Ein System von paarweise verträglichen Verkehrsströmen bildet sich in diesem Verträglichkeitsgraphen in folgender Weise ab: Es besteht aus einer Menge von Knoten, die paarweise durch Kanten verbunden sind. Das sind also Teilgraphen des Verträglichkeitsgraphen, bei denen je zwei Knoten durch eine Kante verbunden sind, d.h. vollständige Teilgraphen des Verträglichkeitsgraphen.

Nun hatten wir für die Auswahl gefordert, es mögen gleichzeitig mit einem Verkehrsstrom alle anderen die Freigabe erhalten, die mit diesem Strom und untereinander verträglich sind. In unserem Verträglichkeitsgraphen müssen also jene vollständigen Teilgraphen ausgewählt werden, die nicht mehr durch Hinzunahme weiterer Knoten (sprich

Verkehrsströme) zu umfangreicheren vollständigen Teilgraphen erweitert werden können. Wir wollen derartige Teilgraphen *maximale vollständige Teilgraphen* (kurz MVTG) nennen. In unserem Beispiel ist durch $P=\{P2, P3, P7\}$ ein derartiger MVTG bestimmt.

Unsere Aufgabe läßt sich also im Modell folgendermaßen formulieren: Gegeben ein Verträglichkeitsgraph G. Man bestimme alle maximalen vollständigen Teilgraphen von G.

Ist die Menge der MVTG gefunden, dann läßt sich aus den jeweiligen Knotennummern die Menge der Systeme paarweise verträglicher Verkehrsströme bestimmen. Dabei kann es durchaus vorkommen, daß ein Verkehrsstrom in zwei oder mehr verschiedenen Maximalsystemen paarweise verträglicher Verkehrsströme enthalten ist. In unserem Beispiel gehört 2 den MVTG mit $P=\{P2, P3, P7\}$ und $P=\{P2, P5, P7\}$ an. Wie wir dann weiter verfahren können, ist in der schon zitierten Arbeit [54] ausgeführt. Hier wollen wir uns nur damit befassen, einen Algorithmus für die Bestimmung aller MVTG eines vorgelegten Graphen G anzugeben.

Wir stellen den Verträglichkeitsgraphen als Knoten-mal-Knoten-Matrix (aij) dar (siehe 122).

Wenn zwischen Knoten Pi und Knoten Pj eine Kante vorhanden ist, dann ist das Matrixelement $aij=1$, andernfalls $=0$. Da unser Graph nicht gerichtet ist, ist die Matrix symmetrisch. Die Existenz der Kante Kij ist gleichbedeutend mit der Existenz der Kante Kji. Ferner ist jeder Verkehrsstrom mit sich selbst verträglich, daher ist die Hauptdiagonale von (aij) mit Einsen besetzt. In Abweichung von 111 sind im Verträglichkeitsgraphen also Schlingen zugelassen. Für unser Beispiel erhalten wir die Matrix

	1	2	3	4	5	6	7	8
1	1	0	0	1	0	1	0	1
2	0	1	1	0	1	0	1	0
3	0	1	1	0	0	0	1	0
4	1	0	0	1	1	1	0	1
5	0	1	0	1	1	0	1	1
6	1	0	0	1	0	1	1	1
7	0	1	1	0	1	1	1	1
8	1	0	0	1	1	1	1	1

Einen MVTG finden wir leicht in folgender Weise: Wir greifen einen Knoten, etwa den ersten, heraus. Nun versuchen wir, einen zweiten dazu passenden Knoten Pi zu finden. Passend bedeutet, daß Verträglichkeit vorhanden ist, daß also zwischen $P1$ und Pi eine Kante existiert. Das heißt, Pi kommt nur dann in Frage, wenn (aij) in der ersten Zeile und

i-ten Spalte die Eintragung 1 enthält. In unserem Beispiel können wir etwa $P4$ wählen. Als nächstes darf nur ein Knoten Pj genommen werden, der zu den beiden bereits ausgewählten paßt. Das heißt, in (aij) müssen in der ersten bzw. i-ten Zeile und j-ten Spalte Einsen stehen. Damit kommen nurmehr Spalten in Frage, die in der ersten und i-ten Zeile eine 1 enthalten. Wir bilden also für die erste und i-te Zeile spaltenweise die logische Funktion $\wedge$ und erhalten in unserem Beispiel

$$\begin{array}{rcccccccc} Z1: & 1 & 0 & 0 & 1 & 0 & 1 & 0 & 1 \\ Z4: & 1 & 0 & 0 & 1 & 1 & 1 & 0 & 1 \\ Z1 \wedge Z4: & 1 & 0 & 0 & 1 & 0 & 1 & 0 & 1. \end{array}$$

Damit bleiben nur mehr $P6$ und $P8$. Wir wählen $P6$ und fragen nach weiteren passenden Punkten. Nun müssen in den drei bereits gewählten Zeilen jeweils Einsen in der neu zu wählenden Spalte stehen. Wir bilden $Z1 \wedge Zi \wedge Zj$ bzw. einfacher $(Z1 \wedge Zi) \wedge Zj$ und wählen eine neue Spalte aus. So fahren wir fort, bis keine Spalten mit Einsen mehr zur Verfügung stehen und das System daher nicht mehr durch Hinzunahme neuer Punkte erweitert werden kann. Damit ist ein MVTG gefunden. In unserem Beispiel kommt

$$\begin{array}{rcccccccc} Z1 \wedge Z4: & 1 & 0 & 0 & 1 & 0 & 1 & 0 & 1 \\ Z6: & 1 & 0 & 0 & 1 & 0 & 1 & 1 & 1 \\ (Z1 \wedge Z4) \wedge Z6: & 1 & 0 & 0 & 1 & 0 & 1 & 0 & 1. \end{array}$$

Hier paßt noch $P8$, und weitere Knoten kommen offensichtlich nicht mehr in Frage. $P = \{P1, P4, P6, P8\}$ bestimmt einen MVTG, wie wir uns nachträglich auch an Hand der Abb. 5.2 vergewissern können.

Wollen wir *alle* MVTG bestimmen, dann beachten wir zunächst, daß das oben angeführte Verfahren den MVTG mit den kleinsten Knotennummern liefert, wenn wir bei der Auswahl der Spalten jeweils die mit der kleinsten Nummer wählen. Nun verbieten wir den in diesem MVTG zuletzt hinzugenommenen Knoten und sehen zu, ob sich ein MVTG finden läßt, der die restlichen Knoten enthält. Er muß außer diesen restlichen Knoten noch mindestens einen weiteren Knoten enthalten, da er sonst Teilgraph des zuerst gefundenen MVTG und somit nicht maximal wäre. Für das Auffinden des zweiten MVTG verwenden wir das gleiche Verfahren wie zuerst. Haben wir ihn gefunden, dann verbieten wir auch in ihm den letzten Knoten, und so fahren wir fort. Gibt es einmal nach Verbieten des letzten Knotens keinen MVTG mehr, dann verbieten wir den vorletzten Knoten usw. Es ist klar, daß wir damit sämtliche MVTG in lexikographischer Reihenfolge, nämlich nach aufsteigenden Knotennummern geordnet, erhalten, und jeden auch nur einmal.

Das „Verbieten" eines Knotens nehmen wir so vor: Wir lassen zunächst die Zeile des verbotenen Knotens nicht bei der logischen Verknüpfung mit den anderen Zeilen zu. Nun kann es sein, daß wir einen Teilgraphen erhalten, von dessen sämtlichen Knoten Kanten zum verbotenen Knoten laufen. Der verbotene Knoten wird dann bei der Und-Bildung nicht eliminiert, und wir erhalten manche MVTG mehrfach. Um auch dies noch zu verhindern, sehen wir nach Auffinden jedes MVTG zu, ob der gefundene Graph einen verbotenen Knoten enthält, und unterdrücken in diesem Fall die Ausgabe.

Damit gelangen wir zu folgendem

Algorithmus 9

der für eine Binärmaschine formuliert ist. Um Platz und Zeit zu sparen, fassen wir die Zeilen der Matrix (aij), die aus einer Folge von Nullen und Einsen bestehen, als Wörter binärer Information auf. Bei der Verknüpfung der Zeilen durch $\wedge$ machen wir ebenfalls von den Fähigkeiten einer Binärmaschine Gebrauch. Damit sind einige Operationen nicht mehr in ALGOL 60 formulierbar, und wir müssen auf Code-Prozeduren zurückgreifen, die unten im einzelnen erläutert sind.

Benützte Symbole:

n	Anzahl der Knoten von G. n darf nicht größer sein als die Anzahl der Binärstellen des Maschinenworts
(aij)	Matrix von G. a ist zeilenweise einzugeben. Jede Zeile wird binär in einem einzigen Maschinenwort gespeichert
$b1\,[0]$	In diesem Wort sind die Stellen, die verbotenen Knoten entsprechen, mit 1 besetzt, die restlichen Stellen mit 0
$b1\,[j]$	entsteht durch Verknüpfung von Zeilen der Matrix aij

$b1\,[j] := Zi1 \wedge Zi2 \wedge \cdots \wedge Zij$

$b2\,[j]$ enthält die Zeilennummer ij.

Verlangt werden:

$n, (aij)$;

geliefert wird:

jeder maximale vollständige Teilgraph von G durch Angabe der Nummern seiner Knoten.

```
begin
real procedure a und b(a, b) ; real a, b ; code ;
comment: Diese Prozedur liefert aus zwei Binärzahlen a und b
  eine Binärzahl c. Dabei entsteht jede einzelne Binärstelle von c,
  indem die entsprechenden Binärstellen von a und b mit der Opera-
  tion ∧ verknüpft werden ;
```

```
real procedure nullbi ; code ;
comment: Diese Prozedur liefert eine Binärzahl a, in der sämtliche
   Binärstellen gleich 0 sind ;

boolean procedure vergl (a, b) ; real a, b ; code ;
comment: Diese Prozedur liefert zu zwei Binärzahlen a und b
   einen booleschen Wert c. c ist true, falls a ∧ b bitweise Null ist,
   andernfalls ist c false ;

procedure nachf (i, a, m) ; integer i ; real a ; label m ; code ;
comment: Diese Prozedur liefert zur ganzen Zahl i und zur
   Binärzahl a einen neuen Wert für i. Der neue Wert von i ist gleich
   der Nummer der ersten von 0 verschiedenen Binärstelle von a,
   welche auf die i-te Stelle (i alt) folgt.
   Falls kein Nachfolger existiert, wird auf die Marke m gesprungen ;

procedure bindru (a) ; real a ; code ;
comment: Diese Prozedur druckt zu jeder Binärzahl a die Num-
   mern der Binärstellen, die gleich 1 sind ;

procedure einset (i, a) ; integer i ; real a ; code ;
comment: Diese Prozedur setzt in der Binärzahl a die i-te Stelle
   auf 1 und löscht alle Stellen rechts von i auf 0 ;

procedure binles (a, n) ; array a ; integer n ; code ;
comment: Diese Prozedur liest die Matrix d in das reelle Feld a
   [1 : n] ein. Und zwar wird das j-te bit von a[i] gleich 1 gesetzt,
   falls dij=1, andernfalls wird das j-te bit von a[i] gleich 0 gesetzt ;


integer i, j, n ;
read (n) ;
begin
array a[1 : n], b1[0 : n] ; integer array b2[1 : n] ;
binles (a, n) ;
b1[0] := nullbi ; i := 1 ;
m1 : b1[1] := a[i] ; b2[1] := i ; j := 1 ;
m2: nachf (i, b1[j], m3) ;
j := j+1 ;
b1[j] := a und b(b1[j-1], a[i]) ; b2[j] := i ;
goto m2 ;
m3: if vergl (b1[0], b1[j]) then bindru (b1[j]) ;
i := b2[j] ;
einset (i, b1[0]) ;
j := j-1 ;
```

```
if j=0 then begin i:=i+1 ;
if i=n then goto ende else goto m1 ; end ;
goto m2 ; end ;
ende: end ;
```

In unserem Beispiel lautet die Eingabe:

1	0	0	1	0	1	0	1
0	1	1	0	1	0	1	0
0	1	1	0	0	0	1	0
1	0	0	1	1	1	0	1
0	1	0	1	1	0	1	1
1	0	0	1	0	1	1	1
0	1	1	0	1	1	1	1
1	0	0	1	1	1	1	1

und wir erhalten als Ergebnis:

1	4	6	8
2	3	7	
2	5	7	
4	5	8	
5	7	8	
6	7	8	

Literatur

[1] Albrecht, R.: Bestimmung minimaler Wege in endlichen, gerichteten, bewerteten Graphen. Computing **3**, 184–193 (1968).

[2] – Visotschnig, E.: ALGOL-Prozeduren zu den modifizierten Algorithmen nach Minty und Moore. Computing **4**, 76–81 (1969).

[3] Barth, U.: Das dreidimensionale Transportproblem. Forschungsbericht 1–1968 des Lehrst. f. Betriebswirtschaftslehre der Univ. Mainz.

[4] Baumann, R.: ALGOL-Manual der ALCOR-Gruppe. München u. Wien: Oldenbourg Verlag 1965.

[5] Beilner, H.: Über Modelle und Methoden zur Prognose der Aufteilung des Straßenverkehrs in Abhängigkeit von der Verkehrsmenge. Diss. Univ. Stuttgart 1969.

[6] Bellman, R.: Dynamic programming treatment of the travelling salesman problem. J. Assoc. Comput. Mach. **9**, 61–63 (1962).

[7] – On a routing problem. Quart. Appl. Math. **16**, 87–90 (1958).

[8] – Dynamic programming. New Jersey: Princeton Univ. Press 1957.

[9] Bellmore, M., Nemhauser, G. L.: The traveling salesman problem: A survey. Operations Res. **16**, 538–558 (1968).

[10] Berge, C.: Theorie des graphes et ses applications. Paris: Dunod 1958.

[11] Bock, F., Kantner, H., Haynes, J.: An algorithm (the *r*-th best path algorithm) for finding and ranking paths through a network. Armour Research Foundation, Technology Center Chicago 1957.

[12] Braess, D.: Über ein Paradoxon aus der Verkehrsplanung. Unternehmensforschung **12**, 258–268 (1968).

[13] Caldwell, T.: On finding minimum routes in a network with turn penalties. Comm. ACM **4**, 107–108 (1961).

[14] Dantzig, G. B.: Discrete-variable extremum problems. Operations Res. **5**, 266–277 (1957).

[15] – Fulkerson, D. R., Johnson, S. M.: Solution of a large scale travelling salesman problem. Operations Res. **2**, 393–410 (1954).

[16] – On a linear programming combinatorial approach to the travelling salesman problem. Operations Res. **7**, 58–66 (1959).

[17] Dijkstra, E. W.: A note on two problems in connexion with graphs. Numer. Math. **1**, 269–271 (1959).

[18] – Some theorems on spanning subtrees of a graph. Proceedings Amsterdam **22**, 196–199 (1960).

[19] Egervary, J.: Matrixok kombinatorikus tulajonságairól. Math. Lapok **38**, 16–28 (1931).

[20] Falkenhausen, H. v.: Ein Verfahren zur Prognose der Verkehrsverteilung in einem geplanten Straßennetz. Unternehmensforschung **7**, 75–88 (1963).

[21] Flood, M. M.: The travelling-salesman problem. Operations Res. **4**, 61–75 (1956).

[22] Ford, L. R., Jr., Fulkerson, D. R.: Flows in networks. New Jersey: Princeton Univ. Press 1962.

[23] – Maximal flow through a network. Canad. J. Math. **8**, 399–404 (1956).

[24] – A simple algorithm for finding maximal network flows and an application to the Hitchcoock problem. Canad. J. Math. **9**, 210–218 (1957).

[25] – Network flow and systems of representatives. Canad. J. Math. **10**, 78–84 (1958).

[26] Fulkerson, D. R.: A network-flow feasibility theorem and combinatorial applications. Canad. J. Math. **11**, 440–451 (1959).

[27] Gale, D.: The theory of linear economic models. New York: McGraw-Hill 1960.

[28] Gordon, R. M.: Checking for loops in networks. Comm. ACM **6**, 384 (1963).

[29] Grauert, H., Lieb, I.: Differential- und Integralrechnung I. Heidelberger Taschenbuch 26. Berlin-Heidelberg-New York: Springer 1967.

[30] Haight, F. A.: Mathematical theories of traffic flow. New York: Academic Press 1963.

[31] Hammersley, J. M., Handcomb, D. C.: Monte Carlo methods. Methuens monographs on applied probability and statistics. New York: John Wiley & Sons 1964.

[32] Hellmich, K.: Die Reiseroute von kürzester Weglänge (Dauer). Math.-Tech.-Wirtschaft **7**, 166–175 (1960).

[33] Henn, R. (Herausgeber): Operations research Verfahren, Bd. 1–5. Meisenheim an der Glan: Anton Hain 1963–1968.

[34] Hermann, R.: Theory of traffic flow. London: Elsevier Publ. Co. 1961.

[35] Hoffmann, W., Pavley, R.: A method for the solution of the Nth best path problem. J. Assoc. Comput. Mach. **6**, 506–514 (1959).

[36] Hu, T. C.: On the feasibility of simultaneous flows in a network. Operations Res. **12**, 359–360 (1964).

[37] – A decomposition algorithm for shortest paths in a network. Operations Res. **16**, 91–102 (1968).

[38] Klee, V.: A 'string algorithm' for shortest path in directed networks. Operations Res. **12**, 428–432 (1964).

[39] Klemm, U.: Ein Algorithmisches Planaritätskriterium. Computing **3**, 194–204, 245–257 (1968).

[40] König, D.: Theorie der endlichen und unendlichen Graphen. New York: Chelsea Publ. Comp. 1950.

[41] Lee, C. Y.: A note on the Nth shortest path problem. IRE Transactions **EC-11**, 572–573 (1962).

[42] Little, J. D. C., Murty, K. G., Karel, C., Sweeney, D. W.: An algorithm for solving the travelling salesman problem. Operations Res. **11**, 972–989 (1963).

[43] Maecke, H.: Das Prognoseverfahren in der Straßenverkehrsplanung. Wiesbaden u. Berlin: Bauverlag 1964.

[44] Miller, C. E., Tucker, A. W., Zemlin, R. A.: Integer programming formulation of travelling salesman problems. J. Assoc. Comput. Mach. **7**, 326–329 (1960).

[45] Moore, E. F.: The shortest path through a maze. Ann. Comp. Lab. Harvard Univ. **30**, 285–292 (1957).

[46] Ore, O.: Theory of graphs. Amer. Math. Soc. Colloq. Pub. **38**, Providence R.I. 1962.

[47] Pollack, M.: Solutions of the *K*-th best route through a network. – A review. J. Math. Anal. Appl. **3**, 547–559 (1961).

[48] – The Kth best route through a network. Operations Res. **9**, 578–580 (1961).

[49] – Wiebenson, W.: Solutions of the shortest-route problem. – A review. Operations Res. **8**, 224–230 (1960).

[50] Sasieni, M., Yaspan, A., Friedman, L.: Methoden und Probleme der Unternehmensforschung. Würzburg: Physika-Verlag 1962.

[51] Shapley, L. S.: On network flow functions. Naval Res. Logist. Quart. **8**, 151–158 (1961).

[52] Steierwald, G.: Elektronisches Rechnen im Verkehrswesen. Haus der Technik, Essen. Vortragsveröffentlichungen **9** (1963).

[53] – Scholz, G., Haupt, D.: Probleme der Verkehrsumlegung. Straßenverkehrstechnik **7**, 469–480 (1963).

[54] Stoffers, K.: Scheduling of traffic lights. Transpn. Res. **2**, 199–234 (1968).

[55] Wagner, F. A., Jr., May, A. D., Jr.: Volume and speed characteristics at seven study locations. Highway Res. Board Bull. **281** (1961).

[56] Wollmer, R.: Removing arcs from a network. Operations Res. **12**, 934–940 (1964).

[57] Dreyfus, S. E.: An Appraisal of some shortest-path algorithms. Operations Res. **17**, 395–412 (1969).

Namen- und Sachverzeichnis

Gesamtherstellung: Universitätsdruckerei H. Stürtz AG., Würzburg

Ökonometrie und Unternehmensforschung
Econometrics and Operations Research

Vol. I — Nichtlineare Programmierung

Von HANS PAUL KÜNZI und WILHELM KRELLE unter Mitwirkung von Werner Oettli. – Mit 18 Abbildungen. XVI, 221 Seiten. 1962. Gebunden DM 38,–

Vol. II — Lineare Programmierung und Erweiterungen

Von GEORGE B. DANTZIG. Ins Deutsche übertragen und bearbeitet von Arno Jaeger. – Mit 103 Abbildungen. XVI, 712 Seiten. 1966. Gebunden DM 68,–

Vol. III — Stochastic Processes

By M. GIRAULT. – With 35 figures. XII, 126 pages. 1966. Cloth DM 28,–

Vol. IV — Methoden der Unternehmensforschung im Versicherungswesen

Von KARL-H. WOLFF. – Mit 14 Diagrammen. VIII, 266 Seiten. 1966. Gebunden DM 49,–

Vol. V — The Theory of Max-Min and its Application to Weapons Allocation Problems

By JOHN M. DANSKIN. – With 6 figures. X, 126 pages. 1967. Cloth DM 32,–

Vol. VI — Entscheidungskriterien bei Risiko

Von Professor Dr. HANS SCHNEEWEISS. – Mit 35 Abbildungen. XII, 214 Seiten. 1967. Gebunden DM 48,–

Vol. VII — Boolean Methods in Operations Research and Related Areas

By PETER L. HAMMER (Ivănescu) and SERGIU RUDEANU. With a preface by Richard Bellman. – With 25 figures. XVI, 329 pages. 1968. Cloth DM 46,–

Vol. VIII — Strategy for R & D: Studies in the Microeconomics of Development

By THOMAS MARSCHAK, THOMAS K. GLENNAN, JR. and ROBERT SUMMERS. – With 44 figures. XIV, 330 pages. 1967. Cloth DM 56,80

Vol. IX — Dynamic Programming of Economic Decisions

By MARTIN J. BECKMANN. – With 9 figures. XII, 143 pages. 1968. Cloth DM 28,–

Vol. X — Input-Output-Analyse

Von JOCHEN SCHUMANN. – Mit 12 Abbildungen. X, 311 Seiten. 1968. Gebunden DM 58,–

Vol. XI — Produktionstheorie

Von WALDEMAR WITTMANN. – Mit 54 Abbildungen. VIII, 177 Seiten. 1968. Gebunden DM 42,–

Vol. XII — Sensitivitätsanalysen und parametrische Programmierung

Von WERNER DINKELBACH. – Mit 20 Abbildungen. XI, 190 Seiten. 1969. Gebunden DM 48,–

Vol. XIII Graphentheoretische Methoden und ihre Anwendungen
Von WALTER KNÖDEL. – Mit 24 Abbildungen. VIII, 111 Seiten. 1969. Gebunden DM 38,–

Vol. XIV Praktische Studien zur Unternehmensforschung
Von E. NIEVERGELT, O. MÜLLER, F. E. SCHLAEPFER und W. H. LANDIS. – Mit etwa 81 Abbildungen. Etwa 270 Seiten. Gebunden DM 58,–

Vol. XV Optimale Reihenfolgen
Von HEINER MÜLLER-MERBACH. – In Vorbereitung

Vol. XVI Die Preispolitik der Mehrproduktenunternehmung als Problem der statistischen Theorie
Von REINHARD SELTEN. – In Vorbereitung